管好自己，做最幸福的人

马龙飞◎著

中国财富出版社

图书在版编目（CIP）数据

管好自己，做最幸福的人 / 马龙飞著. —北京：中国财富出版社，2016.4

ISBN 978-7-5047-6080-7

Ⅰ. ①管…　Ⅱ. ①马…　Ⅲ. ①自我控制—通俗读物
Ⅳ. ①B842.6-49

中国版本图书馆 CIP 数据核字（2016）第 049750 号

策划编辑	单元花	**责任编辑**	单元花		
责任印制	方朋远	**责任校对**	饶莉莉	**责任发行**	邢有涛

出版发行	中国财富出版社		
社　　址	北京市丰台区南四环西路 188 号 5 区 20 楼	**邮政编码**	100070
电　　话	010-52227568（发行部）		010-52227588 转 307（总编室）
	010-68589540（读者服务部）		010-52227588 转 305（质检部）
网　　址	http://www.cfpress.com.cn		
经　　销	新华书店		
印　　刷	北京京都六环印刷厂		
书　　号	ISBN 978-7-5047-6080-7/B·0485		
开　　本	710mm×1000mm　1/16	**版　　次**	2016 年 4 月第 1 版
印　　张	13.75	**印　　次**	2016 年 4 月第 1 次印刷
字　　数	190 千字	**定　　价**	39.80 元

推荐序

得知龙飞的书《管好自己，做最幸福的人》已写成，心中充满祝福。当拿到初稿翻阅时，又升出许多感慨……

目前中国一批又一批的青年人，在个人成长的路上，愿意投身到为社会、为他人做贡献的工作中，不由为之感动。细读此书，发现书中不但阐明了建立自信、自爱、自尊的理念，还提示世人自己是一切的源头，手指指向自己，向内找答案。同时还给读者提供更多的 NLP（神经语言程序学）实用技巧。这一切是作者本人在潜心钻研 NLP 学问并热心传播正能量的过程中总结出的实战经验，也是龙飞的初心向善，贡献给社会的爱心成果。

相信此书的发行，会使更多的人更有方向地经营自己的人生，使自己体验幸福，享受爱与被爱、接纳与被接纳，成为一个活得幸福、丰满的人！

祝福每一位！

张　翔

2015 年 11 月 3 日

Preface 前言

2015年12月3日北京卫视《养生堂》节目播出“驱赶精神的‘病魔’”，我看了很有感触，精神的“病魔”已经是一个社会问题，杨院长也提了几个改变自己负面情绪的方法：把家里装扮得温馨浪漫；自己动手做一道色香味俱全的菜肴或加强运动……但是我觉得应该深入这个“病魔”，具体问题具体解析，让每个人都做最幸福的人。

据媒体报道，自杀、打架、吸毒、贪污腐败等事件逐年增加，这是“病魔”驱使的。如何健康生活、高效工作、驱除这些隐患对生命的伤害，是每个人自我认知的关键课题，这个课题搞明白了，就会明白管好自己是多么的重要。人生来就是一座宝藏，就是带着光芒的，只是我们没有好好地开发和利用而已。除去愚昧无知的毁灭之路剩下的都是红彤彤的向阳之道。自强、自律、自省、自信是这个社会需要的，中国梦的实现需要我们一起努力。选择了家庭和人生的目标、事业和工作的方向，就要为之去努力，管好自己向着最幸福的目标前进！

“留得青山在，不怕没柴烧”，生命是非常重要的，爱惜自己的生命就要深刻地认知和剖析它的价值和意义。特定的时间段给自己一个目标，随着外界环境的不断变化和自己生活情绪的不断变化，随即调试自己、管好自己，幸福是不会缺席的，只是迟早而已。

现实中我们会面临愤怒、焦虑、恐惧、困难、遗憾、后悔、内疚、自责、失望、委屈、嫉妒、悲伤、痛苦、恨以及各种难言的纠结和隐痛，有的人因此出现心理危机、抑郁、躯体化症状、多巴胺异常等亚健康疾病和身体不适的比比皆是。

微信息化的世界，职场竞争不息、错综复杂，每天令人心情抑郁；我们如何去面对，如何去修炼自己的内心，如何管好自己来屏蔽外界带给我们的各种说不清理还乱的困扰，做一个最幸福的人，在本书中我会告诉大家一些简单易行的方法。

本书分析生活的细节、情绪根源，以走心的语言，直击人的内心，从自我认知、自我开发、自我修炼与自我激励等方面，给您以心灵的慰藉，同时教您驱除心理问题的秘法，这就是我出版这本书的愿望，期待您的建议和幸福的佳讯。

作　者

2015 年 12 月

Contents 目录

第一章 认知自己：找到自己的幸福趋向

我常常在想活着是什么，怎样是存在，不同的心境时得出过很多答案。人的一生来了，去了，一场体验，一段自己跟自己的对白，好与不好，成与未成，一切都在这对白中。所以，每个人只有找到了自己在人生中的幸福趋向，这对白才会写得更精彩，这生活才会过得更有味道！

认识自己的性格

很多人活了大半辈子，对自己的性格却总也拿捏不准，我是开朗的还是内向的？是活泼的还是悲观的？一无所知。因为不了解，我们每天只能重复着自己认为毫无意义，甚至是勉强的生活及工作。因为不了解，“我”不得不接受既有的，随时发生的个性事件，这些对于一个高情商的人来说是不可思议的。因为高情商的人会认为：我的性格我最清楚，我知道它会在我的人生中发出什么样的积极信号，它能让我减少多少消极情绪，它会让我的生活过成我自己向往的样子。

所以，认识自己的性格至关重要。从现在开始我要重新去认识我自己，我要重新去了解我自己。我现在越来越发现，我对自己的了解和认知太少，我现在愿意多多了解我自己、开发我自己，因为我愿意让自己活出开心、快乐、满足、成功的人生，我要对得起未来的几十年。

那么，性格到底是什么呢？其实很好理解，它究其根底在于个人先天遗传因素的作用，以及自己后天行为的累积，从而形成的一种惯有的行为倾向，这就是性格。当然，我们完全可以按照自己的需求、自己的理想，去将性格中的遗传部分和后天习惯部分进行改变。但前提是，你要知道，自己究竟属于哪一种性格，又是性格中的哪一部分约束了你前进的脚步，阻碍了你的人生计划。

性格是个大话题，它没有实质性的好与坏之分，所谓抑郁、善良、懒惰，更多的只是性格中的一个方面。分析起来就要复杂得多。但抛开心理学中冗长的荣格心理测试、九型人格测试、卡特尔16种人格因素测试等性格测验量表，就从日常生活中的表现来分类，人的性格大致可以分为四个比较好确认的类型，即外向型、乐观型、平和型、完美型。

1. 外向型

此类性格的人群往往开朗，喜欢说话，平时精神状态好的时候多，对于新鲜的事物比较好奇。外向型性格是天生的乐天派，他（她）不会因为一时的不高兴就把生活否定掉，更不会因为心里不舒服而拒绝所有的事情。只不过，此类人群的性格中缺乏耐心，做事比较粗线条，热情来得快去得也快，往往会给人留下虎头蛇尾的感觉。

2. 乐观型

乐观的人有着自信、坚强的特质，喜欢直接面对问题、支配别人、进攻性强、挑战欲望足、冲劲强、做事风风火火。但乐观型的人的不足在于雷厉风行，不留缓和余地，这势必会与他人发生正面冲突。因此，这种快速度在很多人眼里就是急躁的代言词。

3. 平和型

平和型的人温和、稳定，喜欢和谐的氛围。此类人并不回避人际关系，但他们过分亲切的处事方式，过于向往圆满的心态，对于一些激进型的人会是一种“挑战”，比如乐观型的人，就会觉得平和型的人没有主见。因此，在平和型的人身上，会更容易显出漫不经心与随遇而安；同时，他们的老好人心态也会被视为保守。

4. 完美型

完美型的人是集智慧和思考能力于一身的人，他们想得往往太多，平时以有条理为个性，对事、对人、对物的要求标准较高，对于问题的认知，也总是保持自己的看法。因此，完美型的人多会思虑过多，甚至他们的过分思考会变为忧郁的气质。所以，完美型的人多内向、悲观，让人产生距离感。

虽然上面只是四种简单的性格分析，但足以包罗千千万万不同性格的人。因为每一个人都是多种性格的综合，甚至是矛盾组成，完全单一性格的人是不存在的。就如同心理学家所说："人最鲜明的东西是他个人的东西，从来不曾有一个人与他一样，也永远不会再有这样的一个人。"

是的，这就是性格，它是世界上独一无二的名片，代表着你，代表着你在这个世界上的行为与收获。比如，性格开朗的人发明了可以带他认识世界的飞机，而性格完美的人，却一直在思考安全问题，因而去发明降落伞。可见，认知自己的性格可以让你更快地接近自己的目标，可以让你收获更多。如果能够在认知的基础上，再对自己的性格进行有效管理，那么就可以帮助每个人顺利地驶向梦想、驶向幸福。

你就是一个宝藏

"自从上帝创造了天地万物以来，没有一个人和我一样，我的头脑、心灵、眼睛、耳朵、双手、头发、嘴唇都是与众不同的。言谈举止和我完全一样的人以前没有，现在没有，以后也不会有。虽然四海之内皆兄弟，然而人人各异。我是独一无二的造化。

我是自然界最伟大的奇迹！"

这番令人热血沸腾的言语来自于奥格·曼迪诺的《世界上最伟大的推销员》。

是的，每个人都是一个奇迹，都是一座宝藏，包括他，包括你！

试想一下，你是如何诞生的？

我们每个人都是生命传承的结果，每个人都有一个爸爸和一个妈妈，我们的生命是由爸爸和妈妈传承给我们的。爸爸的生命是谁给的？是爷爷和奶奶。那妈妈呢？是姥爷和姥姥。

再往上推，那爷爷是谁的传承？那就是太爷爷和太奶奶。那姥爷呢？也有姥爷的爸爸和妈妈，姥姥呢，也有姥姥的爸爸和妈妈。

这只是往上推了几代而已。其实要说明的是这样一个道理：每一个生命来到这个世上都会有一个男人还有一个女人把生命传给他。

我们设想一下，如果那些穿着长袍子、拿着竹简、用着毛笔的人，也就是我们的祖先们，他们曾经参与过我们生命的传承，而且这些祖先的数量是一个庞大的存在的话，你会从这个庞大的传承体系中发现什么呢？

从某种意义上来讲，你和身边的人可能是同根生，是一家人。这是其一，还有最关键的，在你的生命体内，一定继承了你祖先的智慧和能量……甚至于所有你见过的、知道的、了解的人，还有好多未知的人，他们的能量和智慧也都传承到了你的身上。所以我们有理由相信，每一个人，每一个生命体都是一个巨大的宝藏。这个宝藏到底有多少能量，你根本就不知道。很多能量一经外界的能量引发，一下子就可以迸发出来。我们是生命的传承体，我们是生命链里的一个，我们不是孤立的，我们不是单独的，所以我们会承载整个链条里的所有的能量和智慧，那么现在我们可以闭上眼睛对自己说几句话：我要重新去认识我自己，我要重新去了解我自己，我现在越来越发现，我对自己了解和认知的太少，现在我愿意多多了解我自己、开发我自己，因为我愿意让自己活出开心、快乐、满足、成功的人生，我要对得起未来的几十年。

如何开发自己这个宝藏

据科学家研究，一个正常人大约拥有1000亿个脑细胞，令人遗憾的是，一般情况下，这些脑细胞只有10%在为我们工作，其余的90%都处于一种未被开发的状态。甚至有的人在去世以前，一生中已经开发的潜能只有5%左右，还有95%的潜能未能发挥。也就是说，一个人尽管看似工作已经很努力了，但最多也只不过用掉了10%的能量和智慧。

每个人都有很大的潜能，这是毋庸置疑的，在生活中却鲜有人能够对潜能进行很好的发掘。究其原因无外乎两点：其一是人的惰性使然；其二是无法确定自己究竟有多大潜力，更不知道通过什么样的方式去发掘。

要想避免珍贵的资源被浪费，就要避免思维误区，积极发掘自己的潜能。伟大的发明家爱迪生曾说："如果我们做出所有我们能做的事情，毫无疑问地会使我们大吃一惊。"

风靡世界的"背跃式"跳高技术的首创者名叫理查德·福斯伯。

在理查德·福斯伯11岁那年，一次他在上小学体育课时，老师点名让他跳高。当时福斯伯正在开小差，听到点名后只得在慌乱中匆匆奔向横杆，姿势是面向老师，背对横杆，并在着急之下，把老师教的姿势都忘了。于是他急中生智，索性顺势就地腾起，奇迹般地跃过了1.15米的横杆，倒在沙坑里，引得同学们哄堂大笑。倒是他的体育老师慧眼识珠，发现了这种全新动作的可取性，并及时帮助他完善这种独特的跳法。

之后，经过多年训练，福斯伯的潜能得到了最大限度地发挥，在1968年墨西哥奥运会上，他用“背跃式”征服了2.24米的高度，打破了当时的奥运会纪录。

福斯伯在无意之中找到了开启自己潜能的钥匙，当然这只是一个开始，他的潜能得到惊人的发挥，离不开长期的严格训练。福斯伯的经历也给我们敲响了警钟，潜能的发掘不是一个轻松的过程，任何渴望不劳而获、喜从天降的想法都是不可取的。漫画家朱德庸也用自己的经历证实了这一点。

中国台湾著名漫画家朱德庸，25岁时就小有名气了，他的《双响炮》《涩女郎》《酷溜族》等作品一直很畅销，现在更是闻名业界的漫画大师。但谁又能想到目前如此成功的朱德庸，小时候却是一个不起眼的差等生。

那时，朱德庸天生对图形很敏感，但对文字类的东西却很难接受。在十几年的学生生涯中，他一直认为自己非常笨。以至于读中学的时候，就连最差的学校也不愿意接收他。

后来他逐渐明白，自己不是笨，而是有学习障碍。他发现自己天生对文字反应迟钝，但对图形却很敏感，因此，他认为自己在绘画方面很有天赋，也就开始刻意发挥自己在这上面的潜能。

谈到求学时的痛苦经历，朱德庸说：“我的求学过程非常悲惨！学习障碍、自闭、自卑，只有画画使我快乐。”画画是唯一能让朱德庸感到轻松的事情，他说：“外面的世界我没法待下去，唯一的办法就是回到自己的世界，因为这个世界里有我的快乐。在学校里受了老师的打击，我敢怒不敢言，但一回到家我就画他，狠狠地画，让他死得非常惨，然后自己的心情就会变好了。”

值得庆幸的是，对于朱德庸的选择，其父母从不给他施加压力，一直任他自由发展。他的父亲会经常裁好白纸，整整齐齐订起来，给他做画本。

朱德庸后来回忆说：“如果我的父母也像学校老师一样逼我学习，那我肯定要被逼死。每个人都有天赋，但是有些人的天赋被他们的家长或者被社会的习惯意识遮盖了，进而就丧失了。而有的人则发现了自己的天赋，并坚持发展它，最终使其绽放出夺目的光彩。”

在这一点上朱德庸很感谢父亲，在他小时候非常想画画又总拿着笔画个不停的时候，他的父亲没有阻止他，反而支持了他。正因为如此，再加上朱德庸本人的努力，他的绘画天赋才得到了最大限度地发掘，最终也给他带来了巨大的成功。

从朱德庸的经历可以看出，潜能不是虚无缥缈的，事实上要想捕捉到它是有一定的规律可循的。通常，对一个个体而言，其潜能的最直接的外在表现方式是天赋。

关于天赋，朱德庸后来给出了非常精彩的见解：“我相信，人和动物是一样的，都有自己的天赋，比如老虎有锋利的牙齿，兔子有高超的奔跑、弹跳力，所以它们能在大自然中生存下来。人也是一样，只不过很多人在成长过程中把自己的天赋忘了，就像有的人被迫当了医生，而他可能是怕血的，那他不会快乐。人们都希望成为老虎，而这其中有很多人只能是兔子，久而久之，就成了四不像。我们为什么放着很优秀的兔子不当，而一定要当很烂的老虎呢？社会就是很奇怪，本来兔子有兔子的本能，狮子有狮子的本能，但是社会强迫所有的人都去做狮子，结果出来一批烂狮子。我还好，天赋或者说本能，没有被掐死。”当我们发现了自己的天赋，并将天赋和实际工作完美结合起来，并发挥到极致，那也就等于将自己的潜能进行了最大化的发掘。

伏尔泰说：“天性，往往比教育有更大的影响。”人好比一座冰山，表现出来的只是其本身的一角，只有 10% 左右，其余储藏在海下面的有 90%，则都是人的潜能。这种潜能当中一定有你的特质，一定有你最喜欢、最专注、最擅长的事情。世界上之所以有很多顶尖的体育天才、音乐天才，是因为他们找到了自己的最独特的天赋，然后将其发掘了出来。开发自己的潜能需要满足三个条件。

1. 认清与父母的关系

从生命的传承我们了解到，所有的链接都是完善的，也就是说“我”的祖先中任何一个人物如果缺失，都不会有“我”的存在。而带给“我”生命最直接的两个人，是“我”的父亲、母亲，因此要在内心深处感激他们，接受他们的存在。

2. 调节自身状态

自身状态很重要，好的状态会吸引更多好的事物，保持好的状态，要从管理好情绪开始。

3. 与外在链接和谐有效

人不是以单个的群体存在于世间，我们的很多价值，往往也是通过外在的人、事、物来体现的。我们平时随时随地都可能在多个角色间穿梭，在家中、在工作中、在生活中，都在经历不同的角色，如何在每一个角色中与外在链接都和谐有效，是开发这个宝藏很关键的部分。

找出你的核心竞争力

核心竞争力，简单来讲，就是你的核心能力，这种竞争力是指相对于大多数人你的优势所在。

“核心竞争力”一词首次出现在1990年，它是由美国经济学家普拉哈拉德和哈默在《哈佛商业评论》上的一篇标志性文章《公司的核心竞争力》中提出的，文章指出：“核心竞争力是在某一组织内部经过整合了的知识和技能，是企业在经营过程中形成的不易被竞争对手效仿的、能带来超额利润的、独特的能力。”

套用普拉哈拉德和哈默关于企业核心竞争力的定义，个人核心竞争力可以做如下解释：它是指个人不易被竞争对手效仿的、具有竞争优势的生存和发展能力，是其立足社会取得成功所具有的独特的人格和知识、经验、技能。这种竞争力存在于各行各业中，就算是一个小小的厨师也可能具有这种能力。

瑞士日内瓦一家五星级大酒店里面有个小厨师，看起来非常憨厚，平时表现出来的是一副与世无争的态度。在酒店里，谁都可以对他吆三喝四，但他对此并不在乎。而且，他本人看起来也没什么优势和长处，也做不了上得大场面的菜，因此，在后厨里面，他经常被当作下手。

但他会做一道非常特别的甜点：将两个苹果的果肉都放进一个苹果中，这样一来，合而为一的苹果就显得特别丰满，可是外表上根本看不出是两个苹果拼起来的，就像是天生就那样长的，果核也被他巧妙地去掉了，吃起来特别香甜爽口。

后来，他做的这道甜点被一位长期包住酒店的贵夫人发现，她品尝后，十分喜欢，并特意约见了做这道甜点的小厨师。贵夫人虽然长期包了一套最昂贵的套房，一年中也只有不到一个月的时间在这里度过，但是，她每次到这里来，都会指名点小厨师做的那道甜点。

由于这家酒店不断进行经营风格上的调整，因此几乎每年都要裁去一定比例的员工，遇到经济低迷的时候，裁员的比例会更大。然而，不起眼的小厨师却年年风平浪静，能够稳坐钓鱼台，就像有特别硬的后台和背景一样。后来，酒店的总裁告诉小厨师，那位贵夫人是他们酒店最重要的客人，而他也是酒店里不可或缺的人，因为只有他能够满足那位贵夫人的独特需求。

会做独特的甜点就是那个小厨师的核心竞争力所在。核心竞争力能让一个看似普普通通、并无长处的员工变得不可替代。因为，小厨师所具备的是别人并不具备的能力，这就是他在职场存在的一个合理而又充分的理由。

当然，核心能力并不限于烹饪做菜，它还包括“超强的技术研发能力”“超强的管理能力”“超强的鼓动力”“深厚的人际关系处理能力”等。也就是说，个人的核心竞争力更多是指一种综合能力，而不是一两项工作技能。而且，除了要有大家都具有的能力之外，还必须拥有自己的独特卖点，有让领导喜欢、需要和看重的价值，而且要具有一定的稀缺性，因为物以稀为贵，物质只有体现出稀缺性，才能提升其价值，所谓的稀缺性就是你的不可替代性、不可或缺性，如果你所扮演的只是一个可有可无、随时可被替换的角色，你将会在职场中逐渐被边缘化，没有什么稀缺性，意味着你的价值也大打折扣。

在打造自己的核心能力之前，你要问自己三个问题：你想做什么？适合做什么？能做什么？随后再考虑自身的兴趣、价值观、能力、市场需求等各方面因素，找出它们与职业的最佳结合点，从而为自己进行准确的定位，提高自己的竞争力。

一个人要想获得成功，还必须先为别人创造价值，要为用户、公司和老板创造价值，必须向他们提供具有竞争力的服务，得到他们的信赖和认可。

另外，在个人核心能力中，也不可忽视人格魅力的力量。如果只具备专长，却人品低下，也是无法获得持久竞争力的，正如著名学者温远凯所说："小胜在于技巧，中胜在于实力，大胜在于人格。"因此，只有把人格和专长完美地结合起来，才能打造好自己的个人核心竞争力，才能在激烈的竞争中立于不败之地。

打造自我品牌

一个企业具备强大的市场竞争力，根本原因是它打造出了值得信赖的品牌，并具有广泛的知名度。在现代商业社会中，品牌正变得无处不在。中国台湾意识形态广告公司执行创意总监许舜英曾经对品牌做过一段这样的评论："60 年代是个品牌、Abbey Road 是个品牌、普罗旺斯是个品牌、阴谋论是个品牌、禅定是个品牌、强调无品牌也是种品牌。"

品牌效应对于个体也是一样的道理，要想获得成功，也应该像经营品牌一样经营自己，创建属于自己的“个人品牌”。

1989年3月28日上午9点，深圳会堂，万科企业股份有限公司第一届股东例会召开。

座无虚席的会场上，一位股东站起来向万科创始人王石发问：“请问王石先生，您自己买了多少股票?”

王石不慌不忙地从西装口袋内侧掏出一张认股权证说：“我个人存款一共25000元，取出20000元买了万科股票。”随即，台下响起一片热烈的掌声和叫好声，有很多人都买了万科的股票。

要知道在当时，股票仍是新生事物，大部分人心存疑问而观望之。在这种情况下，人们不仅看重公司品牌，更看重个人品牌，比如万科老板王石的个人品牌。

在投资者眼里，王石的个人品牌显然是响当当的，是值得信赖的。当然，王石的这种个人品牌不是一朝一夕之功，而是源自于日常的不断正面强化以及以身示范。

相对于王石，国内房地产界的另一大佬潘石屹更懂得像经营品牌一样经营自己，主动打造个人品牌。

有一次，有人采访潘石屹，问他：“用‘潘石屹’来营销SOHO（家居办公）的做法，据说是源于唐老鸭，这种策略第一次让你品尝到甜头是什么时候？建外SOHO?”

潘石屹说：“在七八年前，中国房地产有一股CI（企业形象）风潮，设计师在我的名片上设计了一个穿着唐装的漫画潘石屹，后来就成了LOGO（标志·徽标）。一个活生生的人总比一个标志好，这就成为了公司的标志。后来很多记者就说你行吗？我就说你看米老鼠和唐老鸭就是两个品牌标志。”

潘石屹又补充道：“很多时候做品牌都是基于自己的想象，而不顾客户的想象。尤其接待客户买房子，我们过去大概99%是期房，房子还没建好就销售，因此客户最关心的就是你的老板是谁，你会不会把我的钱骗走了。所以这个市场上缺什么东西，你就提供什么东西，人家缺的就是想了解老板的真实背景。最失败的就是，打不动顾客的心。”

这就是个人品牌的魅力，《定位》一书的作者里斯·特劳特就曾有过这样的感慨：“打造个人品牌就是要在别人心目中唤起更好的感觉。”

除了这些精英企业家，某些“打工皇帝”的年薪往往达到令人咋舌的天价，还有一些高素质的职业经理人也常常是众多企业竞相追逐的热门人选，这些人都是成功打造了“个人品牌”的典型。

在人才至上的时代，每一个人，包括刚刚走出校门的毕业生，都应该具有“像经营品牌一样经营自己”的思维，去打造、经营自己的“个人品牌”，这是必然的趋势、时代的要求和明智的抉择。

要知道，个人品牌并不是名人的专利，事实上，它是一种打造个人核心竞争力的方法。彼得·蒙托亚和蒂姆·梵德荷在他们合著的《你就是品牌》一书中指出：“个人品牌打造的微妙和力量使人们产生了一种错误观念，认为这只是那些有经纪人和曝光度的富人的事。这种想法是不对的，想想看，那些身价百万的产业名人最初是怎样成名的呢？他们在自己还默默无闻的时候就打造了自己的品牌。”

打造个人品牌不是一件遥不可及的事情，对于打造个人品牌，格林豪泰连锁酒店副总裁韩毅曾这样建议广大青年朋友：“要像维护公司品牌一样维护自己的名字，永远不要做有损自身品牌形象的事情，不要让它背上恶名，不要让它成为小气、轻诺、贫乏的代言词，让它时刻保持着力量、诚信和热情！”

应该怎样去打造个人品牌呢？具体可从以下几个方面入手。

1. 树立个人品牌

要具有树立个人品牌的强烈意识。只有意识到它的重要性才会努力实现它，因此不妨将其作为个人职业规划的一个核心目标。

2. 成为出类拔萃者

要成为所在领域中的出类拔萃者。因为，如果你没有超常的能力、水平和技术，将不可能脱颖而出给人留下印象，个人品牌也将如同空中楼阁一样没有赖以存在的根基。

3. 坚持职业操守

努力坚持职业操守，恪守职业道德，以诚信为本。不要仅仅为了金钱而工作，而是要去谋求更大的发展，同时也要工作努力，保守商业秘密，进行公平竞争。

4. 坚持打造个人品牌

将打造个人品牌的努力诉诸到日常工作和生活中去，并长期坚持下去。

5. 进行个人宣传

要适当地进行个人宣传，巩固公众印象，确立个人品牌。但切忌刻意炒作，而应该顺其自然，实事求是。

空杯心态，适时归零

有这样一个典故：

古时候，一个佛学造诣很深的人，听说某个寺庙里有位德高望重的老禅师，便前往拜访。当老禅师的徒弟接待他时，此人态度傲慢，他心想："我是佛学造诣很深的人，你怎么能和我比？"

随后，老禅师也十分恭敬地接待了他，并为他沏茶。可在倒水时，明明杯子已经满了，老禅师仍然不停止。此人不解地问："大师，为什么杯子已经满了，还要往里倒？"大师说："是啊，既然已满了，为什么还倒呢？"禅师的言外之意是，既然你已经很有学问了，为什么还要到我这里求教？来者顿悟，急忙叩谢悔过。

这个故事讲的就是"空杯心态"。

空杯心态的现实意义在于：它提醒人们，在做事之前要先有好心态。如果想学到更多，得到更多，先要把自己想象成"一个空着的杯子"，而不是装满了东西的容器。林语堂先生有过这样精辟的高论："人生在世幼时认为什么都不懂，大学时以为什么都懂，毕业后才知道什么都不懂，中年又以为什么都懂，到晚年才觉悟一切都不懂。"这可谓是空杯心态的最完美阐释。

空杯心态的范围实际上非常广阔，它既可以是对工作的放空，也可以是对生活的放空，甚至可以是对生命的放空。对于渴望提升自己的人来说，只有首先倒掉心中盛满的，才能让心灵甚至整个生命获得重生。如果你不愿意放弃旧有的，那就无法重新获得。从这一意义上说，放弃是为了更好地拥有。

当然，空杯心态并不是让人完全否定过去，而是要抱着否定或者说放空过去的一种态度，采取正面的思维方式，以做到融入新的环境，对待新的工作，迎接新的挑战，攀登新的高峰。

用空杯心态来完善自己，不应该仅仅是一句空话，应该严格要求自己，并将它贯彻到实际行动中去。

1. 勇于挑战自我，永不满足

世界球王贝利在其20多年的足球生涯里，曾参加过1364场比赛，共踢进1282个球，并创造了一个队员在一场比赛中踢进8个球的纪录。他超凡的球技不仅令千千万万球迷心醉，甚至也使球场上的对手拍手称绝。他不仅球艺高超，而且谈吐不凡。当他个人进球纪录突破1000个时，有人问他："请问，您哪个球踢得最好？"贝利笑了，意味深长地说："下一个。"

在迈向成功的道路上，每当你实现了一个近期目标，切记不应自满，而应该学会放空自己，重新出发，去迎接新的挑战，把原来的成功当成是新的成功的起点，树立新的目标，攀登新的高峰，从而达到另一个人生境界。

要随时对自己拥有的知识和能力进行清理，清空那些过时的东西，为新知识、新能力的进入留出空间，保证自己的知识与能力总是最新的。这样，才能保证个人永远不自满，永远在工作中学习、进步，永远保持身心的活力。

2. 让心态归零

哈佛大学校长来国内访问时，说了一个他自己的亲身经历：

有一年，他向学校请了三个月的假，并告诉自己的家人："不要问我去什么地方，我每个星期都会给家里打个电话，报个平安。"

他只身一人去了美国南部的乡村，想尝试着过另一种全新的生活。在乡村，他到农场去打工，去饭店刷盘子。在农场做工时，他有时会背着老板吸支烟，或者是和自己的工友偷偷说几句话，这些经历都让他有一种前所未有的愉悦。最有意思的是最后他在一家餐厅找到一份刷盘子的工作，但是仅干了四个小时，老板就把他叫来，要跟他结账，让他走人。老板对他说："你刷盘子太慢了，你被解雇了。"

他的这些经历看起来都是平凡的，微不足道的，然而，等三个月后他重新回到哈佛，回到自己熟悉的工作环境后，却发现以往再熟悉不过的东西都变得新鲜有趣起来，工作成为了一种全新的享受。而且每当再回忆起那三个月的经历时，他觉得就像一场"恶作剧"一样，新鲜而有趣。

哈佛校长的经历，说明我们只有定期给自己"复位"，让自己的心态归零，去体会完全不同的意境，才能有效清除心灵的污迹，才能更好地享受工作与生活。

3. 不断给自己的大脑和心灵洗澡

空杯心态，就是经常给自己的大脑和心灵洗澡。文韬武略的商汤王曾在他的浴盆上写了九个字："苟日新，日日新，又日新"。他在洗澡的时候，外洗身，内洗心，所以他在洗完澡后"身心舒畅"。然而，现在很多人洗澡，却是只洗身，不洗心。其实，洗心与洗身同样重要，外洗身，内洗心，把内在过时的东西、心灵的杂草、大脑的垃圾等全部扫落。

4. 空杯心态的进阶是“大杯心态”

杯子装满了，再往里倒东西是很难的，有时候可以把杯子里的东西倒掉一些，但杯子里的也是我们在过往生活中花费了很多财力、物力和时间换来的，倒掉太可惜了。该怎么办呢？还有一种思路，就是把杯子变大就可以了，这个杯子就好比我们的胸怀和格局，我们先放大自己，让外在的先进来，等之后再对比分析，对我们有用的留下来，对我们没用的删掉就好了，这样就不会错过对我们有用的部分。这也就是所谓的“大杯心态”。

幸福人生是需要规划的

我们总是抱怨，嫌自己不够成功，认为自己的运气比别人差。但事实是这样吗？很多时候，其实我们比别人差的不过是一个规划而已。因为今天的生活可以由自己决定，但未来的结果却需要今天的规划。做一个好的规划让它成为我们行动的引领者。

在国内外，人们对于规划有着不同的认识。根据美国哈佛大学的一项特定人群追踪调查显示：60% 的人规划过于模糊，而 27% 的人完全没有规划，10% 的人具有短期规划，只有 3% 的人为自己订立了长期而清楚的规划。经过 25 年，这群人有了明显区别：那 3% 的人是社会各界的成功人士，而 10% 的人生活呈逐步上升态势，60% 的人安于现状，剩下 27% 的人则生活在社会的最底层，每天除了抱怨还是抱怨。

这就是规划的力量，它不但让我们感觉到人生前进的方向，更让我们明白，什么对于我们来说是最重要的！虽然现在生活如此多彩，诱惑如此之多，但很多时候，我们必须要坚持：跟着心走，就是遵循内心的感受，因此不会因外力的因素做自己内心不情愿的选择。在这里，我们内心的感受，即我们为自己所规划的未来结果，那是最终的目标所在。当我们按着这个既定的目标去努力，去坚持了，我们的未来才不会只剩下抱怨与无助。

当然，我们都知道，规划是一个漫长的过程，需要时间对它进行确定，可是最终坚持下来的却仅为极少数。这就告诉我们，想要为自己制定一个切实可行的规划，应该尊重一定的现实。我不反对“只有想不到，没有做不到”的说法，但我相信这种说法更多是随机事件。世界上仅有一个曾经疯狂的富兰克林，也只有一个近乎偏执的爱迪生。大部分人只能是介乎成功与成名之间，我们称之为良好的人生状态。所以，规划一定要有，但规划一定要与自己的生活相结合。我希望未来的生活是什么样子，或者我的梦想是什么，找到定位并与现实进行结合，只要它能改变我现在的生活状态，满足我实现梦想的需求，那就是与现实接轨的规划目标。

另外，我们一定要对规划怀有强烈的期望。期望强度越高，对于付出就越会感觉值得。因为连自己都不期望的规划，自然可有可无。而只有少许期望的规划，也许会让我们努力上一阵子，可是当困难出现时，我们就会否定自己的目标，会为自己寻找借口。唯有非常期望实现的规划，我们才会不惜一切去实现。我们常听说这样一句话：不成功则成仁。这虽然有些过于极端，但却从另一个侧面说明：一个事件的成功，来自于不达目的誓不罢休的决心！

对于我们的规划，我们能不能找出充足的理由坚持下去，这是非常重要的一点。因为我们的生活在不断地变化，我们周边的人与事物也在不断地更迭。如果我们自己规划的目标没有完全的理由支撑，那很可能会因为不断变化的生活而无疾而终。生活中这样的事情非常多，谁没有在困难面前这样想过：我为什么一定要这样固执呢，钱再多，再成功，如果不够快乐又有什么意思？

这种借口看似带有相对的禅意，仿佛看透即人生，但事实是你真的会看透吗？你这一刻可以没有钱，可以不成功，可是回过头来你就会因为没钱、没成功而低落、抑郁、自卑！因为人活在社会中，与不同的人接触，肯定会有不同的感受。当我们因为暂时的交际而改变自己规划的时候，我们也就真的成了钟摆了。所以，我们应该问自己要实现规划的理由，而且越多越好，用笔清晰地写下来，看看它们是不是能打动自己，是不是能让自己因为它们而坚持下去。如果可以，那么我们人生规划的成功也就有坚实的基础了。

我们有一天老了，会不会回想自己的一生？我们会不会希望身边的家人、亲戚、朋友对自己的评价如己所愿？我想，如果问老年人，80%以上都会说非常希望有这样一个明确的结果，但如果问年轻人，他们则会说：干吗要看别人怎么说！这就是年轻与年老的区别，而我们最终面对的就是现在年轻，未来必然会年老。如果我们现在不努力确定规划，那么年老就只能惆怅茫然。所以，我们应该来认知规划，应该这样问一问自己：我对自己的人生有规划吗？它又应该如何去实现呢？

我是一切的根源

生活在这个世界上，我们难免会遇到一些总认为自己有理的事情。比如两车差点儿相撞时的场景，必定有一方的司机会先理直气壮地大叫：没长眼睛啊？要找死是不是？然后另一个司机也不甘示弱，回敬说：你会不会开车啊？红灯了还强过！

这其实都是将过错推于对方的表现，不管是趁着黄灯强过马路，还是认为对方已经快到红灯了自己可先行，他们肯定都没有想过"意外"这个字眼。因为大家都以自己能不能过为结果，完全以自己为中心，从不会想别人。如果面对闪烁不断的黄灯时，所有的司机都能这样想：我不能在这个时候强过，宁等一分不争三秒；我应该在这时减速以防有人强过。那么后果肯定就不会是剑拔弩张了。可见，对外界的不满，实际根源就出在自己身上。

一位老修鞋匠，一直在自己镇上的路边修鞋子，40 多年时间里阅人无数。有一天，一个年轻人来到镇上，他看看镇上的大街，又看看老鞋匠，就问："老先生，你来这个镇多少年了？"老人说："我从小生活在这里。"年轻人立刻又问："那你应该很了解这个镇了，我因为工作想就近住在这里，你觉得这个镇怎么样？"老人却问年轻人："你原来住哪个镇，那里的民情习俗怎么样？"年轻人一脸不屑地说："我生活的那个地方，简直不要提了，人们不但自私，还特别小心眼，你要想生活下去，必须得处处小心，我实在不想待在这样的一个地方。"老人听完头也没有抬，便说："这个镇比你说的那个镇更不好。"年轻人默默地离开了。

又过了一段时间，另外一个年轻人来到这里，问了和之前那个年轻人一样的问题，老鞋匠同样问他："你原来住在哪个镇，那里的民情习俗怎么样？"年轻人笑了，说："我感觉我住的那个镇很好，不但人与人之间相处得快乐，连人与自然都那么和谐，要不是因为工作，我还真舍不得离开呢。"老人听完也笑了，说："年轻人，你就放心吧，这个镇会和你原来住过的镇一样，既温暖又和谐。"

相同的镇，相同的问题，面对不同的人就会产生完全不同的答案，这是为什么？就是因为心态不同，自然所遇到的事物就会随之发生改变。于我们自己而言，也是如此，当我们以什么样的心态面对外界时，外界就会回馈我们什么样的世界。就好比苏东坡与佛印的一个公案，于佛眼里，万物皆为佛，于“粪”眼中，自然一切都为粪。所以，我们自己才是一切的根源所在，想要改变世界，我们首先要改变的肯定是自己。

一个人想要看到因自己而起的根源，那么最先要了解的便是自己，因为别人可以不知道你是谁，但你要知道你会是谁，别人的不知道是基于对你过去的了解而对你未来的评估，而你知道你是谁，是源于你有心的指引，心会告诉你未来你会去到哪里。决定未来的是当下及之后你在做什么。如果我们每个人都很清醒地看到自己的内心，都可以清楚地了解自己，那么你再面对的一切就会截然不同了。

也许有人会问，面对坏人时，难道也要一切以自己为根源吗？其实，这只能是一个无解的问题，因为往近了说，我们可以问责现实，往远了说，又要归咎于教育。因为从来没有哪一个人生下来就带有坏的本质，坏人在最初做坏事的时候，也会有害怕、紧张、不安以及罪恶感，甚至是自己瞧不起自己。可是当外界，当身边的人用所谓的名称进行冠名和定义的时候，反倒是将原本本质不坏的人变成了真正的坏人。有多少孩子曾经带着这样的负气：“不是我做的反正也要说是我做的”，与家长、老师及社会进行对抗，就有多少坏人曾经在正义与罪恶面前纠结过。

世界变得好了，那只能说是我们自己对于外界的责任与付出多了，如果世界正变得越来越糟，说明我们只看到不足而不去关注美好。这就如同一个学习游泳的人，一直学不会游泳就永远在怪游泳池、救生圈、教练，甚至怪自己的游泳衣不好，却不肯在自己身上找一找原因是一个道理。生活是一面镜子，你所投递出的形象就是你自己的所为，社会所形成的样子，就是你所参与的过程。所以，从今天起，以“我是一切的根源”为生活前提，看一看如此会不会让你的生活、你的世界发生全新改变吧。

自己是自己的贵人

我们常常将生活中能帮到自己的人称为“贵人”，而于人生旅程中，我们又会以遇到“贵人”或“小人”来作为区分自己命运好坏的关键。诚然，贵人势必会带给你向上的正能量，而小人肯定会传达负面能量，给你加重苦难。但生活中有多少人是靠着所谓“贵人”而走向光明，又有多少人是因为“小人”而万劫不复的呢？似乎并没有那么绝对，至少我们中国人最讲究“塞翁失马，焉知非福”这句话，贵人与小人自然也没有绝对的好与坏，太多的一念之差才是事情的根本所在。

著名的佛教主持星云大师说过一句话，我认为最有道理，他说：“自己才是自己的贵人，只要你勤劳、慈悲、智慧、礼貌、诚信，就能提升自己生活的幸福感。”确实如此，生活中，与其苦苦寻觅贵人的踪影，以期达到对生活的改变，不如自己去努力，只要你够努力、够向上，你自己就会成为引领自己前进的贵人；而当你有了充足的能力与自信时，抑或又会成为他人的贵人。

荷马史诗中有这样一句经典的诗：“没有比漫无目的地徘徊更令人无法忍受得了。”所以，当你以寻找贵人为借口而无所事事的时候，你就是漫无目的地浪费生命。恐怕此时就算真的有贵人，他也不会青睐这样无所作为的你吧。“机会只留给有准备的人”这句话虽然现实，但它印证的却是真实的人生哲学。

另外，就算自己是自己的贵人，也不仅仅是让你将自己当成福星的一种标志，更多的应该是你面对现实的决心和毅力。贵人之所以能成为贵人，是因为他的能量够巨大。将他放逐天空，他就会成为飞翔的雄鹰；将他纵入山林，他就会成为山中之王；将他丢到大海，他就是勇猛的鲸鲨！一个掌握了自己命运的人，才会是真正的贵人，而一个拥有掌握自己命运能力的人，又何须到处寻找贵人？如果你是一个连自己都不能把握的人，贵人又如何扶持你的明天？

想必《三国演义》大家都熟悉，而诸葛亮这个人物也不能不称为贵人。可是，当刘备与他的儿子刘禅分别遇到他时怎么样呢？刘备从一个卖鞋的商贩成了真正的一国之主，而刘禅却最终依旧是一个扶不起的阿斗。我们能说是诸葛亮没有能力吗？我们能说贵人能掌握你一切的人生轨迹，帮你成就人生目标吗？这足以让我们清醒：如果你自己都不能认知自己命运的走向，贵人来了也同样帮不了你。

其实，人们之所以期待贵人，不过是想让自己的生命有一个可以转折的机会。可是，这个前提是你的转折对于你来说是有着充分准备与能量的转折。如果仅仅是一个路口转进另一个路口，依旧进行漫无目的的徘徊，那么任何一个转折都没有意义。然而，如果你自己拥有能力与自信，拥有勇气与拼搏，贵人不到你也一样勇往直前，一样可以不断制造命运的转折与机会。也正是因为如此，我们才要说“自己是自己的贵人”！

人生是有输赢的，但输与赢之间有时非常相似，人生可以输得坦荡、从容，何尝不是一种成功？人生若赢得猬琐、不堪，又谈何磊落？我们每个人都应该正视现实，不管顺境还是逆境，能够最终积极、乐观地面对，才是真正的成功。每个人都应该相信：世界上没有“贵人”这份职业，生活才是最大的教育平台，里面有各类形式的课程教会你更好的存在，只有在生活中真实面对自己，才会有最佳的心境面对人生！心灵才会更加通透有能量！而站在这样的生活面前，你只需要以自己为贵人，它就会引领你坦然通过生活所带给你的一切顺与不顺！

第二章 人性特点：突破自己，幸福随之而来

每个人就像不同的加工处理机器，其内在由不同的模块和程序构成，外在的人、事物是待加工的原材料。仔细观察，你会发现有的机器放进去的原材料都是垃圾、废料，但加工出来的产品却是有价值的美好事物；有的机器放进的是美好的高价值材料，出来的却是无法再使用的废品，这就是人与人的差距。而这机器的模块和程序就是一个人的信念系统即信念、价值观、规条。

让爱流动起来

“爱”，是这个世界上最为复杂也最为简单的一个词语，人人都需要爱，没有爱的滋润，再多金钱、再多成功，都将变得苍白。父母儿女之间，爱是一种润泽；夫妻之间，爱是一种慰藉；朋友之间，爱是一种支撑；陌生人之间，爱是一种温暖。没有爱的世界让人孤独，没有爱的交流让人冷漠。可是，爱到底是什么呢？为什么人们那么缺少爱，却总感觉不到爱的光顾？

其实，爱就是一种习惯，一种自然而然的付出，只要你习惯于付出，那么你就会感觉到爱时刻紧随左右。只不过，一般只有内心强大，充满阳光的人，才会拥有这种爱的能力。他们往往比别人更热情，比别人更慷慨，比别人更坦荡、更宽容，所以爱就表现在他们的行动上。相反，如果你计较得失，爱就会如同受伤的精灵，马上不翼而飞了。

现实中，有这样一个有趣的现象：在巴勒斯坦东部和以色列接壤的地方，有着死海与加利利海两片海洋。可是，两片海洋却对比分明，死海边呈现一片寂然，而加利利海边却充满阳光与笑声。这是为什么？因为死海的水“只入不出”，这让海水中的盐分越来越高，哪怕是在沙滩上走一走，都会硌得脚疼。可是加利利海却不同，它的水流有进有出，海水干净，沙滩温暖，各地来此休闲、游泳、潜水的人极多。于是，两海岸就形成了一面冷寂、一面热闹的景象。

这种现象告诉我们一个非常简单的道理：爱就像是流水，如果你只将它储在心里而不外流，你就会慢慢胶着于内在，而没有办法释放；当爱没有办法释放出去的时候，内心自然也就没了空间来接受外界流进来的爱。

当然，如果人人都是如此，那么外界也不会有爱的流动，更不会将爱传递到你心里去。可见，世间并不缺乏爱，只是很多爱留在心里，甚至藏在心里没有流动起来，如果爱在流动，那我们就会感受到更多的爱原本就在身边！因此，只有让我们心里的爱流动起来，人们才会真正感觉到爱的光顾与温暖。

其实，在每一个人的心里，都有着先天而来的爱与慈悲，包括同情、快乐、勇敢等一切人所具有的优良特质。只不过，我们在成长的过程中，因为某些因素、某件事情，而让爱的习惯慢慢收藏起来，反而是警惕、小心的行为占领人心高地。这时，我们内心的爱被囚禁，它被只用来衡量人情冷暖，被用作温暖自我内心的工具。可惜，人情越来越冷，内心越来越凉，如同快要枯竭的死海，变得一片寂然。失去爱流动的内心是消极与不安的，我们虽然一直害怕着、抵制着，可是却没有能力去改变。究其原因，还是因为我们打不开心灵，放不出叫作“爱”的身影。

那么，我们如何让自己心里的爱流动起来，与别人的爱进行良好互动呢？学会慷慨！对，就是这么简单。打开自己的心，不要害怕，也不要去觊觎他人的东西。而是将自己拥有的，自己可以做到的，用善意与他人分享。当你越来越多地付出，就会慢慢发现身边爱的资源越来越充足。而且这种感受越强，内心的不安和害怕就越快地被驱散。当慷慨让爱有了足够的勇气面对外界，它就会慢慢充满活力，变身双向流动。

有人说“流动”一词来源于“富裕”，这确实是不错的发现，不仅因为“流动”的英文词源出自“富裕”的英文一词，更因为只有流动的才意味着生命，才意味着存活。当内心的爱流动起来，那我们心里的爱就是富有生命的，它会繁殖、生长，这可以让我们内心的爱越来越多，也让我们越来越多地感受到外界源源不断流动而来的爱。

幸福其实很简单，是你想得复杂了

当今，幸福无疑是个热门话题。我们的生活水平提高了，我们吃得好了，穿得好了，得到的越来越多了。可是，走在大街上，看看那些匆匆忙忙的身影，年轻的生命体征下，却往往包裹着一颗疲惫、沧桑的心。随便问问大家："你幸福吗？"一部分人摇头，而茫然者更多，而且越是年轻，越感觉不到幸福。这是怎么了？我们如此年轻，我们的明天不可限量，为什么幸福反而越去越远了呢？

我曾经与自己的朋友做过这样的小游戏：与不同的人约会，但都以"晚到"的形式出现，我在不同的人身上看到了不同的结果。有的人抱怨我不守时，说后面的安排都被打乱了，有的人则笑着说："我刚听到了美好的音乐，幸好你晚来了一会儿。"还有人急得团团转，看见我到了却一下安静下来，说自己等在那里傻死了……这就是现实，原本就是等个人的事情，可是却被当成了完全不同的事件来对待。

幸福就如同等人一样，你坐在那里等一个朋友，用什么心态是你的事。当我晚到时，你要么走，要么安然地坐着，因为后面的安排已经乱了，你没有别的办法，为什么一定要让自己着急？还有那感觉到"傻死了"的人们，如果你气若神闲地坐在那里品一杯咖啡，谁又会不羡慕你的闲适？为什么非要用躁动来显示你的不安？所以，我要告诉所有人，幸福其实很简单，只是我们知道的多了，想要的复杂了，自然，幸福的味道在你那里也就变了！现在，你能知道幸福是什么了吗？知道它为什么越去越远了吗？

是的，幸福在很多时候不是高级时装、名牌包包，也不是你有多高的职位，你有多少金钱；而是你坐下之后可以自我调节、把握的一种心境。因为幸福不是外在的东西，它更多定义在你的内心，我们会因为一首动人的音乐感觉幸福，也会因为日复一日的平淡而幸福。幸福是一种追寻过程中所享受到的渴望与付出，更是一种永不言弃的自我坚持；甚至是闲看蚂蚁上树的淡定自若。而想要让这幸福离你越来越近，你唯一能做的就是培养一颗可以感受幸福的心！

有人告诉我：幸福就是一种比较值，当我为着工作忙碌不停，却看到有人为了寻找一份工作而焦头烂额的时候，我就感觉到自己是幸福的。

有人告诉我：幸福就是一次成长，当我跌倒后，还有力气爬起来，并在跌倒的地方坚强地完成了跨越，那时我感觉自己是幸福的。

有人告诉我：幸福就是人生角色的不断变换，当我从咿呀学语到进入课堂，再到读懂人生，再到儿孙绕膝，这时我发现自己真幸福。

……

确实如此，幸福就是这么简单，它是一个小片段，是一种“小虚荣”，它更多的时候却如同一种心情，无声无息地出没于心底，从而给你感受的瞬间，却从不给你抓住的机会。享受当下，就是幸福的味道，因为你有机会、有时间来面对生活中一切的好与不好，有力气去反抗逆境，有心思去思索未来，这样的生活就是一种幸福。

有一句话：“世界上不缺少美，只是缺少发现美的眼睛。”同理，幸福也是如此，世界上并不缺少幸福，只是人们用忙碌、用欲望、用心机、用勉强遮住了幸福的光芒。让它如同被乌云遮住的阳光，完全照不进我们的内心。所以，我们看着别人尽情享受生活，看着别人放纵欢乐，却一直在内心痛苦、压抑，苦苦追问：幸福在哪里？

当你再遇到这样的时刻，不如放慢自己的脚步，调整自己的步伐，用心去看看风中的小花，用呼吸去感受一下飘在空气中的生活的味道。也许，你很快就会发现，原来幸福如此简单，只要静下心来，稍一回味它便出现了。是的，它就是这么简单，简单到你不用经营也可以时刻伴在你身边。只是，你要有一种发现幸福的心境，而不是用尽所能去追寻不属于你的幸福。

在这里，我还要告诉你，幸福不只是生活的一种心境，更是精神境界的一种提升。事业的失败打击过我们，失恋的痛苦折磨过我们，工作的不顺考验过我们，生活的反复磨炼过我们，但我们没有放弃，我们坚持着，我们领悟着，这时我们就离幸福很近。因为幸福天生有着延后的特性，很多时候，我们只要面对往事，闭上眼睛细细回想，就可以感受到自己心灵上的强大与自足，这就是幸福的感受。

可见，幸福的定义有很多种，它不是单纯痛苦时的眼泪，也不是欢乐时的笑意，而是在享受过人生大起时的香车、豪宅之后，同样可以承受大落带来的清茶、茅屋。不同的境界，拥有不同的心态，用不同的心态去感受不同的幸福，这才是真正的幸福所在。也正是因为如此，幸福才拥有了另外一个名字，它就是：珍惜。

比退一步更难得的是主动迈一步

在我们国家，有句话老幼皆知，那就是“退一步海阔天空”。此话虽然不假，但在生活面前，特别是困难面前，我却更坚信：比退一步更难得的是主动迈一步。因为人的个性中有着天然的惰性，如果习惯了退就会一直保持退的姿态，而忘记怎么前进了。

我曾经听过一个最为悲伤的故事，现在回想起来，依旧感觉万分遗憾。

张男是位学识人品极佳的老师，王女则是一个貌美的公务员。两个人一见钟情，很快组成了一个幸福的家庭。可是，有一天，两个人因为小事发生争执，张男的自尊让他摔门而去，而王女则在家里度过一个无眠之夜。王女知道，丈夫是个内向的人，想要让他回来，必定要让他慢慢想通才行，所以不去找他。张男也很明白，妻子并不难缠，但有些得理不饶人，自己就这样回去肯定要从此留下被她嘲笑的把柄。于是，一个在家里、一个在学校的宿舍里相互猜着对方的心思，相安无事地过了一周。张男开始有些不安定起来，都一个星期了，可是妻子从没找过自己，现在如果再回去不是更没面子了？王女也开始不安，她想又没什么大事，你气一下就该好了，难道说真生气了？很快，两个人之间的小别扭变成了大问题，他舍不下面子，她弄不清真假，反正谁也不肯先给对方一个台阶下。

又是一周过去了，张男几次走到自己家的楼下，但都没有勇气上去。而王女对着电话机试了好多回，也没有拨通张男的电话。这天，王女从外面回来，远远就看到了张男，她很高兴，立刻就向张男快走过去，可是张男却一回头快速地离开了，心里都是紧张，心想：太没面子了，被她发现了。王女看着张男头也不回地走掉，一下僵在那里，她开始想：这是真的生气了，我该怎么办呢？心里既生气，又难过，更有不解：都这么多天了，为一点儿小事至于吗，别的夫妻不也是吵吵闹闹，怎么就没见人家离家呢？这样越想越气，王女不知不觉走到了外面的马路上，被一辆飞驰而过的轿车撞倒。当张男接到电话通知时，王女已经带着不解与自己猜想出来的怨气离开了人世。

这是发生在 1997 年的一件真事，张男至今未娶，他一想到王女就会痛哭不止。我初听这件事的时候，满腹不解，只是小别扭，至于弄到这么僵吗？可是后来慢慢懂得，因为自己的个性而固步不前，就会因为一件小事，最终导致无可挽回的后果。也正是因为如此，我才会说：比退一步更难得的是主动迈一步，不管是日常中的人际相处，还是事业、工作中的难题。如果你永远以一种方式去对待，就会忘记还有其他路可以走。

还有这样一个故事，主角是我之前的一个学生。他老家是云南的，后来在重庆打拼，从小在多子家庭长大，成长的过程中经历了很多磨难，也因此对父母很不理解，尤其对妈妈有很多怨恨。经过学习后，他懂得了感恩，也更理解自己 85 岁的老母亲了，他明白了要主动迈一步，于是一大早就迫不及待地给自己远方的妈妈打电话，他在电话中感谢妈妈，讲了自己曾经对妈妈的误解，现在知道自己错了，希望妈妈原谅。但让人心酸的是妈妈在电话中的回话，妈妈说："儿啊，你说什么，妈妈听不见了。"之后他回到课堂上讲述这段时，一个 40 多岁的男人，面对所有学员号啕大哭，呼吁每一个人在父母还在时，为父母多做一些，不要等到想做时，却没有机会了，不要尝受子欲养而亲不待的痛苦。有些话可能父母一直想听；有些事可能父母一直希望儿女为他们做。有些父母运气好等到了，有些则没有等到，你的希望是怎样的呢？主动迈一步，不要给自己留遗憾。

很多人明明想迈一步，可就是面子上过不去，咽不下这口气，于是等待对方主动迈一步，好有台阶下，结果等来等去谁都没有迈，最后却成了遗憾，其实主动迈一步的那个人才是胸怀宽广的体现，当自己主动迈一步时，不管对方如何对待，首先自己释然了、放下了，那一刻也就轻松了。

让你爱的人转身就能看到你……

其实，不仅仅是情感方面，工作当中也是如此。比如现代人认同的"瓶颈"这个词，认为不管什么事只要发展到一定的地步，就面临着难以突破的境地；甚至有很多企业，因瓶颈而最终功亏一篑。可是，如果你此时能换一个想法，能从不同的方面对它进行思考，是不是又会多一次上升的空间呢？可见，这主动迈一步的精神并不是人人都有的。这样我们也就不难理解一些年轻人因为失恋、工作受挫等小问题而采取极端的方式对待自己了。因为他们面对已有的路线，永远只会原地踏步，甚至退一步为自己减少困难，却不知道“比退一步更难得的是主动迈一步，主动迈一步，海阔天空”的道理。

大概就是出于这样的原因，才会有这样的俗语：“万事开头难”。因为这开头的一步，恰恰就是主动迈出的第一步，在没有基础、没有习惯，也没有方向的时候，主动迈出这一步就意味着一切都是陌生的。所以孩子学走路最难，上学学写第一个字最难，创业赚取第一桶金最难，寻找工作面试最难……众多的第一步都是主动出击的开始，太多人就是因为不能接受这主动迈出的一步，而被困死在原地。

我们生活在这个世界上，难免会遇到各种变故与意外，如果我们没有主动迈出一步的勇气，那也就意味着自己的空间被锁死，我们将没有办法突破自己，将没有办法迎接新的生活模式，让失去成为永恒，让失败成为永远。而我们只有懂得了改变，知道了主动迈出一步，才能游刃有余地面对一切。你改变不了世界，在你还没有改变自己之前。而能改变自己的，正是主动迈出的第一步。

你所不接受的外界，就是你放不下的自己

我们知道，禅的最高境界，其实就是两个字：“放下”。但就是这两个字，想要真正做到，恐怕要经历若干事件、经历若干痛苦才会明白。“放

下”两个字很简单，它意味着失去，意味着放手。很多人因为不能接受这么简单的结果，所以明明了解也迟迟不肯放手，从而与属于自己的幸福擦肩，与不属于自己的事物纠缠不休。

在日常生活中，我们身边就有太多这样的例子，他们不但没有放下事物的智慧，连放下自己的勇气都没有。记得看过这样一部电影，是一部美丽的爱情片。电影中的女主角是一个年轻美丽的女孩儿，只是她因为意外双目失明。不过，只要通过手术，女孩儿就可以恢复光明。邻居家有个男孩儿，一开始总习惯帮助女孩儿，渐渐地他们相爱了。直到有一天，女孩儿告诉男孩儿：自己马上就要做手术，到时候她就可以看到男孩儿长什么样子了。说到这儿的时候，女孩面带笑容。可是男孩儿却沉默了，因为他一直认为自己长得不好看，他突然很害怕，如果女孩儿看到他的样子，可能会因为失望而离开。于是，在女孩儿手术的那天，男孩儿不辞而别。

可能很多初听这个故事的人会认为男孩儿只是过于自卑，从而选择了逃避。但我却认为，男孩儿的行为恰恰就是放不下自己的缘故。他用自己的审美标准，来圈定了女孩儿对于美的定义，一边在内心痛恨着自己不够“帅”的外表，一边错失与女孩儿的爱情。可是，如果他能放下自己，能将这所谓的审美标准不强加于女孩儿，那么，他就真的会失去爱情，会从此自艾自怨的生活吗？可见，生活中的自卑、痛苦、纠结……一切让自己过不去，又不敢面对的现实，都源于放不下自己，而并不是外界发生了什么变化。

我们曾经做过这样的游戏：让几对素不相识的男女，演绎一场恋爱的场景，大家可以将对方想象成公主、王子。前提是我们在一开始就已经将他们的眼睛蒙住，演绎过程中，大家谁也看不到谁。这时就觉得大家演的都很好，不但说话轻柔，牵手的过程也温暖而甜蜜，而且牵在一起的手感觉非常可靠，一直不愿分开。可是，当他们看见彼此之后，那种温情脉脉慢慢远离，很快两个人的手也渐渐松开。这就是自我与本我之间的变化，自我在看不到对方的情况下，会靠着本我喜好的想象判断对方，而当自我看到对方时，便很快以外在的直觉和感受来度量对方。此时，如果放不下自我的思想、眼光包括经验等，就会容易让自己陷入到纠结之中，总是以自己的感受来猜想别人对自己的感受，这就会导致像电影中男孩儿不辞而别的结局。

世界是无限的，每天每刻都在变化，如果我们能将那些自己认为“合理”的问题抛开，也就意味着一定程度地放下了自己，又怎么会有那么多痛苦呢？因此，生活就要“享受每一个当下，当你愿意时，理由便无处不在。你所不接受的外界，就是你放不下的自己”。

可能有人会问，有放下自己的方法吗？肯定会有，比如坦然面对，比如进行求证。当我们能坦然面对自己的不足时，就代表着它可能导致的结果已经被无条件接受。而用求证的方法来放下自己虽然是一件不太准确的事，但会让你得到外界不同的反馈。以电影中的男孩儿为例，如果他能就自己认知的“自己不够好看”这个问题多去问几个朋友、身边人，那么肯定会收到好看与不好看等不同的反应，毕竟每个人的审美标准都是不一样的。这样男孩儿至少不会一点儿机会也不给自己留，就直接消失了。所以，当自己放不下对自己的认知时，不妨走出去，看看别人眼中的自己是什么样的，这样会帮助你放下自己，从而轻松前行。

另外，常见的最多的放不下自己的就是那些将仇恨、怨怼装在心里一辈子的人。他们一直恨着，一直怨着，认为自己的一生就这样被对方毁掉了。可是他们却没有想过，自己在仇恨和怨怼的时候，其实已经使自己处于痛苦的深渊不可自拔。所以，学会遗忘，学会宽容，也是放下自己的一种。每个人都应该懂得，放下是一种智慧，它彰显于各个不同的点，只要你能适当地给别人一点借口，那么放下的便是自己的执念，得到的便是自己的自由与快乐。

不要自我设限

《没有任何借口》一书中提到了一个“跳蚤综合征”。

> 一群跳蚤被装进一个带盖的容器中后，开始为了逃出去，也曾不断往上跳，但上面有盖子存在，使它们每次都是无功而返，逐渐的跳蚤形成了条件反射，便不再跳了。更加不可思议的是，后来等容器的盖子打开了，它们仍然不跳，因为它们已经形成了惯性思维，放弃了努力。

“跳蚤综合征”的寓意是深远的，它在当今社会上也有着广泛的“群众基础”，有此习惯的大有人在，它们总是在所谓的“经验”和“惯性思维”中循规蹈矩、画地为牢，而不敢越“雷池”半步。“跳蚤综合征”并非当今社会的独有产物，在很久以前它就曾出现过。

在《雍也篇第六》中，冉求曰：“非不说子之道，力不足也。”子曰：“力不足者，中道而废，今女画。”

这段话的意思是，冉求（对孔子）说：“我并非不喜欢您讲的那些为人处世的道理，而是我的能力不够（无法做到）。”孔子说：“所谓的能力不够，是说凡事都拼尽全力去做，但做到一半时仍不得不废弃、停止，而现在你（还没做就这样说）是自己把自己划在了一个‘不能做’的界限之内。”

在这里，冉求可谓是一个典型的“跳蚤”，他遇到事情总是自我设限、自我排除，总是认为自己不行。这种画地为牢的思维方式也是个人发展的大敌，他会扼杀人的创造性和进取心。

若想成为一名具有创新能力的智慧型人才，就不能被经验所迷惑，不能被权威误导，不能被规则束缚，不能被惯性思维禁锢。而要敢于打破常规，善于去打破那些惯性思维，从而让自己的创新意识及创意展翅翱翔，彻底摆脱“跳蚤综合征”。

某公司在报纸上刊登了一则招聘销售人员的启事，应聘条件、工资待遇等内容一应俱全，参加笔试、面试等要求也都非常明确。但奇怪的是，通篇启事从头看到尾，就是找不到招聘方的联系方式。

招聘启事哪有不留联系方法的？大多数看到的人都愿意将之当成是招聘方或是报社的失误，便也都不着急，都耐心等着报社刊登更正或补充说明。

但这其中也有几名比较心急的求职者，他们感觉这个岗位很适合自己，因此，尽管报纸上没有联系方式，他们也没有消极等待，而是各显神通，积极“出击”。其中，小林通过网络搜索成功找到了该公司包括联系方式在内的所有公开信息；小周则通过114查号台，查出了该公司的办公电话，通过向公司办公室人员咨询，取得了招聘负责人的联系方式；而小张则颇费了一番周折，他依稀记得该公司在某商业区有一个广告牌，于是骑车围着城区转了一大圈，终于找到了广告牌，最后也成功找到了该公司的地址和联系方式。

就这样，当其他准备应聘的人正耐心等待报纸上的更正和补充信息时，小林、小周和小张三人的求职信及有关材料已经寄到了公司人事主管的手中。

随后，公司的人事主管与他们进行了联系。面试时，公司老总对三位小伙子的材料和本人都表示满意，并当即决定办理录用手续。而三人则为如此轻松应聘而颇感蹊跷：招聘启事中不是说要进行考试吗？带着这一疑问，他们决定向老总请教其中的缘由。

老总笑着拍着他们的肩膀说："我们的试题其实就藏在招聘启事中，招聘启事中没有联系方式这并非失误，而是我们故意这样设计的。因为，作为一个现代营销员，思路开阔，不循规蹈矩是首先应具备的一种素质，而你们三人都很机智灵活，在短时间内就能另辟蹊径，迅速找到公司的联系方式，这就说明你们已经非常出色地完成了这份答卷。"

其实，不仅仅是销售工作，任何职位上的工作者都不应被工作中各种或明或暗的条条框框所限制，应该敢于打破常规，冲破惯性思维，如此去做，或许不能让你一下子就出人头地，但至少能够引人注意，就像上面的三个求职者。

要想摆脱"跳蚤综合征"，你需要打破那些固有的思维模式，重新认识自己。

孙正义在年轻时，为了迅速实现自己的赚钱目标，将目光锁定了申请专利。后来，他还总结出了发明创造的三大诀窍，这也是三条如何打破常规、冲破惯性思维的诀窍，或许能够对你有所帮助。

第一个诀窍，是解决问题的方法，即出现问题或者遇到困难时的解决方法。比如：圆形的铅笔放在桌子上时，很容易滚到地上。"铅笔容易滚到地上"就是一个问题，解决这个问题的对策是"把铅笔设计成四角或者六角形，这样就不会滚到地上了"。在孙正义看来，需求是发明之母，是发明的指向标。

第二个诀窍，是换位思考，即逆向思维。孙正义发明的新型信号灯正是基于这一思维。如果把单纯用颜色表示的信号灯，设计成用形状表示的信号灯，结果会怎样呢？由此诞生了以"○△□"等用形状表示的信号灯。这样，即使色盲者也可以轻松辨别出来了。

第三个诀窍，是旧有元素的重新排列组合，即把已有的东西重新组合起来。收音机和录音机组合起来就是收录机；八音盒和闹钟组合起来就是音乐盒式闹钟。孙正义的发明中大多数应用的就是这种方法。

开发潜在的自己

现代流行一个词："山寨"。其意思就是复制别人的东西来做自己的果实。这种方法虽然在一定程度上轻松、省力很多，但同时也封闭了自己的思想与智慧。我们说每个人的思维方式都是不同的，每一个人都有着自己独到的见解。如果我们只按着别人的道路来行走，就算少走了弯路，又岂知不会错过属于自己的美丽风景呢？

在东欧某城市，西城与东城隔路相对。路的西面是犹太人开的船舶用品店，从修船到卖小船，一应俱全。而路的东边，也是一家中国人开的船舶用品店，两家的生意一样好，客人都很多。为了竞争，犹太人就用促销、优惠等方法，中国人则以静制动，只要犹太人用什么方法他就用什么方法，这让两边的生意难分伯仲。后来，犹太人发现一个问题，客人在买船的时候，往往需要等很长时间，于是他就建起了餐厅、超市等方便客人吃饭购物的店面，并同时引进型号更齐全的船。但中国人专守着船舶经营，不断在小船的品牌等方面进行扩展，很快使得东面一条路都开成了船舶用品商店。可是，随着店面扩大，船只品牌增多，价位竞争就明显起来。没过多久，犹太人的超市、餐厅等店生意火爆，可是中国人的船泊商店却因为竞争多、投资过大，失去成本控制，面临着经营危机。

这虽然不是山寨，但却是赤裸裸的随风而动，一个没有主见，一味向别人靠拢的商人，其未来的发展可想而知。如果中国人的船舶店店主可以换个思路会是什么样呢？这又让我想起另一个深有意味的哲理故事：老和尚问小和尚，如果前进是死亡，后退亦是死亡，你该怎么办？小和尚脱口而出：我不前进也不后退，向旁边走！多么睿智的回答，向旁边走，那就是换一个思路，去走不被圈定的道路，这样怎么会让自己没有生路！

小和尚的这种思路，在某个层面来说，就是一种创新。平时我们按部就班的生活、工作、学习甚至是娱乐，却从来不会去想除却这些之外的新方式。久而久之，我们的思维被固定在这个习惯上，将大脑不被使用的潜在的部分封闭了。这让我们变得与别人一样，别人做什么，我就做什么，别人怎么活，我就怎么活。这看似合情合理的方式，在创业、经商、工作的过程中，实际上大大地制约了我们的发挥与发展。

我们是不是还记得那句话：条条大路通罗马。我们的生活也是如此，为什么要以一个模式走到底呢？当生活感觉到没有新意时，我们只会抱怨；当事业遭遇瓶颈时，我们只会愤怒；当创业面临难关时，我们只会山寨，可我们唯独没有想到过将自己的潜在开发一下，让生活产生不同的面，从而发现不同的行走方向。这对于每个人都是一项巨大的损失，它让我们错失了展现自我、发挥自我的机会！

老子说："不出户，知天下；不窥牖，见天道；其出弥远，其知弥少。"这应该就是聪明者潜在意识的思维结果，往往超越他人的人，并不一定是比别人高明多少，只不过他是发现了别人未曾动用的空间。所以，自我的潜在就是人生一笔巨额存款，只要有它的存在，即便你现在的状态一团糟，你想要的条件都不具备，面临各方面的压力与挑战，但也并不影响你未来成为“巨人”，只要你改变你的内在世界，你一切的外在世界都会随之变化！

当然，潜在的开发是有过程的，它并不能采用打开即用的方法。如果你愿意，不妨在跟着别人行走的同时多看看世界，多思考一下自己，看看自己生命中的若干模式是不是可以换一个模式来代替。只有慢慢将那些旧的模式去掉，你才能慢慢走近潜在财富的大门。相信得到潜在思维、能力、意识的你，未来的路便不再是跟在别人的身后，也不会一心想要成就一番事业而苦无良机了。

内心决定外在

中国有句俗话，叫作“相由心生”。一个内心充满苦痛的人，其脸上的神情是不可能泰然自若的，而一个内心装满幸福的人，则会在不经意间将自己的幸福写在脸上。这就是说，一个人的外在完全由内心来决定，不管你愿不愿意，你的外在都出卖了你内心的秘密。不仅如此，工作、学习包括其他问题都是如此，当你内心对所在意的事有了关注之后，那么，你的脸上便显示出来了；而如果你已经对某个人、某件事有了相应的想法之后，就会采取自己认为正确的方法来面对问题。

在心理学实验中，有一个著名的“伤痕实验”。就是安排一位专业的影视化妆师，为参加实验的志愿者进行化妆，在他们的脸上，分别画上一条形象逼真、血肉模糊的伤痕。化妆师让志愿者自己照镜子看到伤痕之后，再将镜子收走。接着，化妆师告诉志愿者：“为了避免你的伤痕被擦掉，我要在伤痕上涂一层特别的粉末，以固定妆容。”于是化妆师在志愿者并不知情的情况下，将他脸上的伤痕抹去。接着工作人员安排并不知情的志愿者去不同的医院就医，要求志愿者仔细观察医生的反应。可是，志愿者回来之后，无一例外地说："医生太没同情心了，一直看着我的脸，却一点儿也不愿伸手帮助我。"

这就是实验所反映的：内心决定外在的结果。其实志愿者的脸与正常人完全一样，只不过在他们的心里被印下了有伤痕的阴影，结果他们以一个真正的伤者心理来感受外界，并接收到了作为伤者所应有的弱势、自卑甚至不满等情绪。可见内心世界多么重要，它将直接决定你以什么样的状态来面对外界，来表现外在。

很多时候，我们每个人都认为自己正在以最为平衡的心理来面对外界，但一个人的内心却并没有想象的那样容易把握，特别是当今这样一个多元化的时代，每天产生的感受，每天遇到的问题，都会让内心积累下焦虑与不安、压力与愤怒。当我们内心这种能量堆积的越来越多，其内心世界与外在世界的平衡也就在不知不觉中被打翻了。面对这样的现实，我们应该怎么办？又该如何去敞开内心以接纳外在呢？最好的做法是，让正念不断放大，在每一件事上，哪怕是很小的事做得满意或有收获就赞许自己，更多地认可自己，并在那一刻畅想未来，这是那些心想事成的人的习惯和秘密，有很多人在这样做，但自己都不知道这其中的秘密。

还记得2012年的世界末日传说吗？曾经有多少人因为这个莫须有的传说而做出了傻事？而问题的症结就在于，我们的内心不够强大，我们所表现出来的外在就只能是道听途说。往往，这种事在一个人成长的过程中，最为多见。青少年的意气风发虽然会让他们一路勇进，但也会因为内心世界的不足而产生额外的恐惧与不安。只有内心世界得到充实和满足，才会实现对外在世界的相对认知与理解。这就是经验、实践的过程；内心世界对事物的理解，来自于成长所经历的事情，而过往的事情则会成为指引未来的标准。

因此，一个人只有在内心充满了正能量，充满了爱与快乐，外界反射来的不足和负面情绪才会慢慢被化解。我们应该这样来想象一件事、一个人：如果他让我感觉不快乐，那么就是在提醒我，自己的包容与能量不够强大。这种想法好比我们行走于夜路的一盏明灯，它可以指引我们抛弃不该有的愤怒，同时让阳光的明亮照进来。而我们对于世界，对于自我人生的认知和巩固，就是这样一盏又一盏明灯的开启，当我们生命中到处都亮起光芒，那我们的内心也就自然跟着温暖起来。此时，外在的一切又怎么会影响到我们，我们又怎么可能会有不满和恐惧?

佛说，觉悟是人生的源头；而觉悟即是见我本心的领悟，它能帮助我们看到自己的内心与外在，能将内心与外在进行平衡和调节。或者觉悟这种事不是每个人都可以做到的，但如果你肯为了自己的内心世界强大而去构建、去强调，那么就能轻松为自己的内心建立一个平衡外在的坐标——增加正能量，提升心理容量。

同时，这种内心决定外在的正能量是可以靠传递来达到增长的。比如父母传递给孩子、老师传达给学生、朋友传递给朋友等。这种内在的能量就是一种潜移默化，就如同生活习惯、审美标准、性格特点等一样。只要培养起了内在世界的强大，外在的层次就会同时被提升，完全无须再靠特别的方式去进行刻意培养。

第三章

圈子定律：接纳自己、接纳身边人、接纳身边事

生活、自我、他人，都有各自不同的特点，否则就不是真实的存在。当你不能接受那个让你感觉不满的自己时；当你不能接纳身边人的行为时；当你不能理解身边发生的事物时，不妨换一个角度想想：之所以很多时候我们知道却做不到，是因为还没有在内心深处真正接纳，没有看到不接受的背后也是有其正面价值的。

用生命去影响生命

现实生活中，最难以达到的境界就是用自己的力量去感染身边的人。因为当你决定用生命去影响另一个生命的时候，就意味着要在人生的台阶上站得高一层，用不同于普通人的思想、行为去展现自我。这对于一些人来说，简直太难了。可是，在心理学中，用生命去影响生命的行为，却往往是人生最为行之有效的行为，它能更轻松、更有人情味地让你向前迈进。

一对老夫妻，一辈子和睦相爱，但就是不能提老头的初恋，一说到初恋两个人就会吵架。老太太会嫌老头对初恋旧情不舍，发誓说："我一辈子都不要见到那个人。"老头就说老太太心胸狭窄，他的初恋也不会见她。可是，到了老头人生弥留之际，却一脸的心事，而且总将手放在自己上衣的口袋上。老太太敏感地意识到了什么，在老头睡着的时候，她偷偷将老头的手拿开，从口袋中掏出一张照片来，照片上正是老头的初恋。老太太眼里涌出委屈的泪水，可是，她看看沉睡中的老头，又感觉心里纠结起来。这一辈子，两个人相亲相爱，老头的那份初恋从来没有瞒过自己，而且婚后也尽职尽责，完成了自己标准好丈夫的任务，自己还有什么理由去与老头争吵呢？

老头醒来之后，发现老太太看了他的照片，心里很不安，不敢看老太太的眼睛。老太太坐了好一会儿，才说："很想见她一面是吗？"老头看着老太太平静而安详的脸，迟疑地点点头。老太太拍拍老头的手，说："你好好的，我会找她来看你。"老头不敢相信自己的耳朵，拉着老太太的手却说不出话来。老太太说："不要问为什么，因为我爱你，我希望满足你的最后愿望。"老头的眼泪流出来。

费了好大的劲，老太太终于在一家养老院找到了老头的初恋情人，只是，老人因为疾病只能坐在轮椅上行动。老太太将老头的初恋推到医院，老头不敢相信自己的眼睛，没想到念了一辈子的人真的又见到了。他微笑着看着初恋，却伸手拉住了老太太的手，轻轻抚摸之后，离开了人世。老头的初恋也拉起老太太的手，说："没想到你有这样的胸怀，换了我可能做不到。"老太太说："不，你也能的，因为爱，我们不想让他带着遗憾离开人世。"初恋情人眼睛里充满了泪水，说："我可以抱抱你吗？我真的想要谢谢你。"老太太走到轮椅边，与老头的初恋情人抱在一起，一对本是情敌的女性，就这样达成了人生的和解。

老头用一辈子的爱影响了老太太对他的爱，而老太太对老头的爱，则直接影响了老头对初恋情人的情感走向。这就是生命对于生命的影响，他们虽然不会说得太多，但却会通过自己的状态、自己的真诚，去感染、接纳别人，从而让别人从中感觉到人情味。而人与人之间的交往也是如此，不管你身处一个团队还是一个公司，又或者是世界这个大圈子，只要你能用自己的行动去认真践行担当与关爱，那么，你周围的人肯定就会因此而受到感染，从而回馈你相同的担当与关爱。

有时候，看不见的事物决定了看得见的事物。我们的信念、价值观决定了我们的生活状态，以及展现出的外在世界！当我们用生命的奋斗与努力以及真诚和品质去运行时，就可以在另一个个体上看到光亮的闪现。学会接纳，学会真诚，面对自己所不能接受的人，不能理解的事进行容忍。这样就能减少自我生命的苛求，并随之放大关爱的成分，让身边人完全认可并接受、回馈。

这种生命影响生命的行为就如同父母给孩子的爱，它没有条件，也没有前提，因为存在，所以接受。这才会让孩子懂得自己的责任与奉献。当所有人都懂得了以生命影响生命的时候，那我们的思想意识、价值标准也会被不断地提高，并成为自我生命基础的本质。如此，生活中那些所谓的公式化，所谓的规则标准，也都最终会真正“以人为本”，从而更有利于成就自我价值与社会价值。

适合的才是最好的

不知你怎么看待现在社会居高不下的离婚率问题，有人说都是钱惹的祸，有人说都是家长参与太多。但我却认为：就是没有找到适合自己的。从古至今，中国人的婚姻观念都讲究一个“门当户对”，但这种门当户对却完全忽略了当事人的感受，将个体内在这一条给忽略了。如果门第、外貌甚至是智商都对上了，那偏偏内心的思想不能同道，这时会出现什么结果呢？恐怕除了吵架就是离婚了。

可见，那句俗话是非常有道理的：“鞋子合不合适，只有脚知道。”这也就告诉我们，在一段感情中，两个人感情好不好，能不能真正相爱，都要看他们是不是适合。所谓门第、教育、模样之类的说法，都不过是“适合”中的条件之一，最主要的还是性格、行为上的合拍，甚至是精神方面的默契，不然，再合适的“八字”都得犯冲，都要面临悲剧。因此，还是这句话最有道理：“萝卜白菜各有所爱，适合的才是最好的。”

而且，我一定要强调，这种适合不仅仅只体现在男女之间的情感关系中，还体现在工作、搭档、生活状态等方面。人生的一着手一落足，无不体现适合才是最好的原则。

有这样一个小故事，说两只老虎，一只被养在笼子里，一日三餐有人喂食，而另一只则散养，每天自己觅食。两只老虎各有苦衷，有一天它们碰到一起，便交流起来。散养的老虎说："看你多好，每天不用动就可以吃得好、喝得好，我每天有时只能吃一顿饭，太苦了。"而养在笼中的老虎却说："看你多好，每天在大自然中自由奔跑，我却只能蜷在笼子里，浑身发酸。"最后，两只老虎突发奇想：我们交换一下生活方式。

于是，养在笼中的老虎冲了出去，在大自然中尽情地奔跑、玩耍，而散养的老虎进入笼中，躺在阳光下畅想丰足的一日三餐。没过多久，两只老虎都死了，笼中的老虎因为无聊而忧郁致死，野外的老虎则因为抓不到猎物活活饿死。

这个小故事为我们敲响警钟：如果只看到他人享受的美好，而忘记自己的优势，那么失去的很有可能是生命；只有活在自己适合的环境里，你才能真正感受到生活的乐趣。所以，感情也好，工作也罢，不论哪一类问题，适合永远是最重要的前提。如果每一对恋人都可以不以财物、样貌、门第等为条件来寻找爱情，如果男女都只认准适合的才是最好的，那么现在的婚恋悲剧要少太多了。

同时，工作也是如此。回想一下前两年红到发紫的公务员考试，再看看现在每年有几十万人冲刺的表演学校选拔。我不禁想要问一句：你真觉得公务员才是适合你的职业吗？你真认为演员才是你最好的"归宿"吗？为什么同样是公务员，最终会有那么多年轻人面对日复一日的循规蹈矩的工作而苦恼？为什么都是演员却有人"为王、为后"，有人却只能一辈子默默无闻？看透了这些，相信你就应该能明白这个简单浅显的道理了：萝卜白菜各有所爱，正所谓萝卜不懂白菜的心，萝卜进错菜地就剩伤感了。

世界上有那么多男女，而适合自己的可能只有一个；世界上有那么多职业，可适合自己的也不外乎自己可以接受又同时能够胜任的其中一种。不善交际的人就不要想着为官；不喜应酬的人就不要想着经商；不能哄女生高兴的男生千万别找喜欢浪漫的女孩儿；没有倾城美貌的女生也绝对不要嫁给“外貌协会会员”的男人。人生就是这么简单，为自己适应的方向努力，为自己适合的人付出，不攀比，不虚荣，活得就是这样一种舒心。

其实，说白了适合自己的才是最好的，就是一个看清自己的过程。如果一个人生活在这个世界上，看不透自己擅长什么，需要什么，不知道自己究竟有几斤几两，那你可能就要面对“强扭的瓜不甜”的结局了。你只有看明白了自己，了解了真实的自我，才选择适合自己的，我相信，你的人生就会少走很多弯路，你的生活会幸福很多。

热情与笑容，你的敲门砖

曾经有人向我抱怨，说现在的社会太冷漠，连一个微笑都很难在别人那里得到。这位朋友是一个推销员，随着他接触的人越多，越发感觉推销难做，总想着换一份工作。可是，当我问他：你会对别人微笑吗？他却皱起眉头，说：“我一看到人家绷着的脸，就感觉所有的好心情都没有了，又怎么可能对他微笑，我必须要保持自己不卑不亢的态度。”所以，这就是问题的症结所在。

生活中大部分人都是如此，当你所遇到的人对你绷起脸时，你就很难用微笑去回应，认为这太没个性，甚至觉得有些低三下四。但事实是，微笑并不代表你低了别人半头，相反，每一个成就大事业的人，最初都是面对所有人微笑的。这代表着你工作的热情与诚意，如果你没有足够的工作热情，不能无条件对客人微笑，那你的工作之路就只能越走越窄，越走越狭隘了。

我还在上学的时候，就听过一个故事。

> 一位冶金公司的老板，非常吃苦耐劳的工作，而且公司也请了很权威的技术人才，可公司就是一直没什么起色。有一天，他遇到一位禅师，便想讨教问题出在哪里，他喋喋不休地诉了大半天的苦，才问："禅师，你说这到底是为什么呢？"禅师听他说完所有的话，才学着那位老板的模样，皱起眉，苦着脸说："是啊，你说这是为什么呢？"那位老板看到禅师苦着一张脸，很不高兴，说："禅师，你怎么可以捉弄一个向你寻求答案的人呢？"禅师则哈哈大笑，说："我有捉弄你吗？我只是用和你一样的神情与精神状态来向你反馈问题。"说着，禅师便将一面镜子递过去："你看看自己的脸，这样满脸冰霜，毫无热情，哪怕是真金也被你拒之门外了。"
>
> 那位老板顿时有所领悟，他回到公司之后，便为自己写下这样一句话："一个优秀的人，他的脸上要始终有融化金子的热情和微笑。"很快，这位老板的公司就在他富有亲和力、感染力的带动下，发挥了攻坚克难的精神，而业绩也慢慢滚雪球一样变得越来越大。

当我将这个故事讲给那位推销员朋友，并让他保持微笑，结果他尝试了好几次，脸上紧皱的皮肤才渐渐松弛开来，他很有感触地说："原来我都不知道热情与微笑才是推进工作的敲门砖。"确实，不止他不知道，还有很多人不知道这个道理，他们认为工作不过是一件养活自己的必备工具，有了技能，知道了标准就可以操作；可他们却从来不明白，想要让这件工具能够发光、发亮，就要用自己的热情，自己的微笑去磨炼。

有一句话叫作“一颗阴暗的心，托不起一张阳光灿烂的脸”。这就是在提醒所有的人，当你用毫无热情、毫无诚意、毫无快乐的身心面对别人时，别人又怎么可能看到你所传达的善意与美好呢？既然如此，肯定会回馈你相同的敌意与不友善。你只有学会了用热情的心来安慰、鼓舞自己，用真诚的微笑来面对他人，那么你才有可能顺利敲开你面对的大门，从而成就自己的事业。

如果你一定要告诉我：我的敲门砖就是我的美貌，我的敲门砖就是我的文凭，那我只能恭喜你，至少你具备了这种别人或许没有的“特长”。但是，我还是想说一句，天下有文凭的人很多，长相不凡的人也很多，如果我们都一味想走捷径，那可能会撞得满脸包。而且，美貌与文凭并不是敲开所有门的那块“砖”，因为现实中学习的门、工作的门、创业的门、面试的门多种多样，有的高、有的低、有的薄、有的厚，并不是人人都看重美貌与文凭。热情与微笑不一样，它是感染别人的金钥匙，也是攻克难关的有力保障。因为热情可以让你面对困难不畏缩，微笑能让你始终充满阳光，这种由内而外的心境有时比智慧还要管用，比心机强得多。

因此，每一个准备找工作的人，准备在事业上大展拳脚的人，又或者准备创业展现自我的人，都不妨试试这块万能的敲门砖，并在以后的人生旅程中，保持这种动力，相信只要“继续带上你的热情与笑容，生命之花便向你绽放！”

接纳自己、接纳身边人、接纳身边事

社会越进步，人们似乎对现实、对一切就越不满意，总是感觉这里不如自己的意，那里也不称自己的心，处处都在与自己作对。这种挑剔实际上就是一种对于现实、对于自己以及他人的不接纳。很多时候，我们不明白，那些感觉自己不够好，不够强大，感觉外界充满敌意与算计的人，其实就是因为找不到调和自己与世界之间的平衡的方法的人。那我们如何来达成自身与世界的平衡呢？很简单：接纳自己、接纳身边人、接纳身边事。

这个方法对于经历了社会的打磨、考验的人来说最有体会，当我们最初走上社会时，总感觉自己与众不同，所以便会看不惯一些人、一些事；于是，当经受了现实的打击，面对现实又无能为力的时候，就变成了怨自己、怪世界。这种生活不但辛苦，也没有幸福可言。但当自己慢慢融入身边人的圈子，慢慢接受了人与事的发展和变化后，才会蓦然发现，原来一切并没有自己想象的那么糟糕。为什么会这样？因为接纳自己、接纳身边人、身边事，远比改造自我、他人以及世界容易。这绝对不是人生的随波逐流，而是事物的必然发展规律，没有谁可以改变得了他人以及世界。

有一句话叫作：讨厌某个人的不足，是因为从中看到了自己的影子。这在心理学中被称为“投射”效应。因为我们对自己的某些方面总感觉无力接受，所以便将对这种不足的不接受投射到别人的身上，用来憎恨、讨厌。由此，我们也可以看出，在我们不能接纳别人的时候，其实不能接纳的恰恰就是自己。不要急着反对我这种说法，你自己问一下自己：我有没有抱怨过环境不好？我有没有对自己的生活、成长甚至是父母有过不满？我有没有将属于自己的原因归咎于外在？甚至去否定一些实际已经发生的事？如果你的回答都是“是”，那我只能说：你所不能接纳的，不仅仅是别人、外在世界，更包括你自己。

应该说，在我们每个人的身上，总有一种“酸柠檬心理”。什么叫“酸柠檬心理”？就是对于事物，对于身边人总是挑剔，总是将自己的不完美在别人那里进行放大，然后加重负能量的认知。这让我们看不惯这，也看不惯那，感觉一切都让人无法接受。如果你将这种酸柠檬换成甜柠檬的味道，想着它的酸甜可口，想着它的清新爽神，岂不是要让自己快乐的多？而改变酸柠檬心理最好的方法，就是诚心认可自己，真诚接纳别人，对待身边的事物保持平常心，将目光放在自己与他人的优点之上，对世界敞开怀抱，相信世界的阳光便可以温暖你的胸怀。

有一个关于著名哲人苏格拉底的故事，说在苏格拉底暮年的时候，他要求跟随自己多年的助手帮自己找一位学生，让这位学生来传承自己一生所积累、开发的思想与学识。他说："我希望这位学生不但要有智慧，还要有自信，更要有面对一切的勇气。"助手说："请放心，我一定会为你找到。"可时间一天天过去，助手找来一个又一个聪明的学生，但都被苏格拉底否定。半年时间过去了，这位苏格拉底想要的学生还没有找到，而此时，他已经行将就木。助手非常惭愧，说："我真对不起你，恐怕要让你失望了。"苏格拉底看着自己的助手却笑了，说："你不是对不起我，而是对不起自己，如此优秀的自己，你为什么总是视而不见？要知道，每个人都是最好的，重要的是你必须认识自己，发掘自己。"说完苏格拉底离开了这个世界。

苏格拉底所说的认识自己、发掘自己发人深省，因为那就是要人们学会接纳自己的意思。有些人已经非常优秀，可总是会因为达不到某些人的标准而否定自己。也正是否定了自己，才会感觉身边人、身边事力不从心，于是才开始变得怨怼、排斥、挑剔……相反，如果你清楚地认识了自己，知道了自己的优点是什么，缺点是什么，那也就会很好地与身边人、身边事进行调和，从而轻松取长补短，快乐与人相处。可见，一个人如果连自己都不能接纳，那么他是没有办法坦然面对这个世界的，更没有办法去接纳比自己"强大、聪明"的人和事。这样的心灵将会时时处于压迫之中，这样的感受会让成功离我们越来越远。现在开始，就给自己一个充分的理由，接纳自己吧，当你接纳了自己，那些身边的人和事也将一起被你纳入到认可与接受中来，如此，你的人生才会更轻松，更阳光。

你的语言就是你的药方

对于人类来说，最能明显区别于动物的地方大概就在于可以用语言来表达自己了。我们会说话，会用不同的词汇形容一个人、一件事，会用各种不同的语气与人沟通。可是，这么强大的功能却往往被很多人忽略，甚至还有人将它当作一种负累。

曾经有一位网友给我留言，说："客服这个行业真不是人做的，声音不热情被投诉，语气不好被投诉，声音太小也被投诉，到底还让不让人活呀！为此我都不想开口说话了。"我看到他的这些苦闷却不由得笑了，这就是一个忽略了自己语言魅力的典型案例。作为客服，别人看不到你的脸，也看不到你的神情，一切的认知都来自于声音，如果对方在你的声音里听出了不耐烦，敷衍甚至是愤怒，怎么可能不引起投诉呢？

记得有这样一个故事，说在巴黎的一条大街上，人来人往，热闹非常。路边却站着一位双目失明，满头白发的乞讨老人，他不说话，用一块牌子写了一句"我什么也看不见"的话立在那里，示意自己需要帮助。但显然没有人对他的牌子感兴趣，多少人都匆匆走过，毫不动容。这时，法国一位著名的诗人经过，他看到了老人和他的牌子，便走过去问："老人家，有人给你钱吗？"老人摇摇头，无奈地说：

"我什么也没看到。"诗人站在那里想了想，便从口袋里拿出笔，然后在老人那块牌子上重新写了一句话："春天到了，可是我什么也看不到。"然后，诗人离开，直到傍晚，他又回到老人的身边，问老人："老人家，有人给你钱吗？"老人笑了，说："不知为什么，今天下午给我钱的人一下变多了。"

诗人写的字虽然不是说出的话，但同样会引起人们对于语言的认知和把握。诗人就是利用人们对于语言的认知和把握，从而用"春天到了"这样富有诗意的语言打动他们。试想，当人们看到"春天到了"这句话时，心里会是多么温暖：蓝天、白云、鸟语、花香……而后面那句："可是我什么也看不到"便顿时触动了人们内心的感受：在这样的美景中，这位可怜的老人却独享黑暗。这种想法会让人产生鲜明的对比，自己如此幸福，老人却如此可怜，于是谁还会吝啬口袋里的那几角零钱呢？

虽然我们常说"良言一语三冬暖，恶言一句六月寒"。可现实是，再善意的"良言"如果用非常恶劣的态度说出口，恐怕喜欢接受的人也没有几个，这就是人们为什么总是容易受到"甜言蜜语"欺骗的原因。因为人们内心深处都渴望温暖、美好的态度和语气，都希望自己受到对方的尊重与友善。客服人员包括电话销售，以及各服务行业的人都是如此，同样对一名客人，如果用："您好，有什么可以帮助你吗？"那客人会非常温柔地回答你的话，如果你只是恶狠狠地说："你来干吗？"相信客人头也不回的就去投诉你了。古人说："闻其声而知其风，察其风而知其志，观其志而知其德。"意思就是从一个人的声音可以听出他为人的风度，观察他的风度就能看到他的志趣，由他的志趣自然也就明白他的品德了。可见，一句用心说出口的话，多么能反映你的为人处世。

我给那位网友留言：用心说出的话，是最温暖人、最滋养人的！每天真心欣赏自己，用心分享，爱自己，爱身边人！生活的美便开始向你走来！我相信，如果对方是个聪明人，会深深懂得我的意思：你的语言就是你的药方，改变语言的传递，就能帮你改变现在的状态。

果然，没过多久，那位网友再次给我留言，说："我现在总算知道人家说伸手不打笑脸人的意思了，自从我改变语气和态度与人说话后，客人给我打分居然都是非常满意，上个月我还受到了领导的表扬呢。"现在大家应该明白了，语言的魅力在于你会在适当的地方、适当的人面前，调节音量、语气以及表情，这样才是一个会说话、会运用语言的人。如果在你的语言中分不出冷暖、悲喜、对错，那么你的语言就没有多少吸引力。

优美的语言让人神清气爽；用心的语言带给人温暖；热情善意的语言活泼快乐能感染对方……你需要身边的人给你怎样的反馈，就要学会用什么样的语言去面对。如果你与人交际不通畅；如果你与人沟通不顺利；如果你的工作总因态度而被卡住，那就相信我的话吧：语言就是你最好的药方，它能带你走出一切的困顿。

把脉：化解对方心理障碍

现代社会，什么都缺，就是不缺压力。而现代的人们，什么都少，就是心理问题不少。为什么这样说？时代进步了，我们对于精神生活的要求提高了，因而就会发现，生活原来并不只是吃饱穿暖那么简单。当一个人心理压力堆积过多，会让他的意志慢慢变得薄弱，如果此时再受意外事件的打击，就很容易产生心理上的问题。所以，现在的人习惯寻找心理疗愈师来化解和开脱，从而释放心理压力。

不过，疗愈师并不是简单地听病人诉说，然后对其进行开解就能解决问题。因为心理上有障碍的人，总是会对外界抱有一种莫名其妙的不安和不信任。而且，这种不信任与不安的高度已经上升为“草木皆兵”。比如日常生活中很多人都有过这样的感受：当一个正常经营的商家突然打出优惠、促销等标语时，人们就会猜测是不是商品有问题。其实这就是对外界的不安与不信任，而对心理有障碍的人来说，这种不安与不信任要更加严重。

正是这样长时间的怀疑、猜测等行为，让人们内心的阳光被慢慢掩藏。这种问题还会影响人的不同方面，从而形成能量上的负面堆积。另外，如果人人都有心理方面的小障碍，那就势必会影响人际交流、沟通等方面的顺利进行。也就是说，别人的事，其实在某种程度上是我们自己的事，因为我们要与他打交道，要与他进行合作，他的问题不可避免成为正常沟通的障碍。有人和我说过这样的话：在工地进行施工时，明明就是极为简单的工作交代，但总是会因为客户的不信任，不得不一次又一次解释，简直太累人了，有什么办法让客户在心理上接受并信任我吗？

当然有，想要化解这个问题不是随便什么人都可以做到的事，因为化解对方心理上的障碍如同把脉，你的语言就好比药方，你要能洞察他们的障碍所在，明晰偏离的方向，才能找到病根药到病除。也就是说，不同的心理障碍有不同的成因，对因为受骗而变得爱猜疑的人来说，他肯定不只是需要你的安慰，更需要有同样经历所产生的不同结果来确认；而对于因情感认知等受到刺激的人来说，那又与物质无关，化解他心理障碍的最好方法则是精神上的支撑。而想要做到这些，并不容易，也正是因为如此，现代人才特别需要疗愈师的帮忙，需要心理上的疏导。

当然，对于一个优秀的疗愈师来说，所要具备的素质必须要全面而细致，面对来访者的内心障碍点，疗愈师必须要从表象看到本质，这就如同中医把脉，通过脉象了解肉眼看不到的身体的内在问题，好的中医一下就能找到哪里出了问题，随之就是药到病除。而心理疗愈师则是通过来访者透露出的信息和他的整个状态，来准确地找出问题的本质成因，从而为对方化解。

通常情况下，就现代人群普遍的心理障碍来说，可见于两大类：

第一类是压力堆积产生的负能量超标。这种压力堆积经常被心理学家称为灵性郁结能量，此类人群往往承受着若干因素所带来的压力，在心理上影响自我人格的完善甚至是生活，从而喜欢逆向分析问题，或者顺势思虑过多。面对这种心理障碍人群，着急绝对不是好的方法，如果能以真诚与细致周到的方式给予对方全面帮助，就很容易让他一点一点放下心理上的思考，甚至减少压力的堆积，从而产生与你沟通的欲望。

第二类是现时创伤带来的心理受挫。此类人群往往会因为考试失败、面试受挫、突然失业、受到外界恐吓等问题，从而造成情绪上的紧张、忧虑、恐惧等，于是在自己的行为中进行否定和不确认。对于此类心理障碍的化解则要找到他的受挫点，然后进行有意识的减压，帮助对方走出来，让焦虑减轻，情绪得到放松。

优秀的疗愈师只要把握了问题的症结所在，然后去循着来访者的状态进行疏通，从有形的外在，去辨识无形的内在，很快就可以见到成效了。这就像一条水渠有一处漏水了，如果找不到漏洞在哪里，找再多的材料去堵都解决不了问题。解决问题的根本，首先在于能准确地找到问题的本质。

跳出小圈子

古人说："物以类聚，人以群分。"每个人都会生活在各种各样的圈子当中。当然，圈子并不是拉帮结派的意思。现实中，圈子可以是各种论坛、俱乐部、沙龙、球赛、庆典、宴会等。我们在加入各种圈子的同时，也不要被圈子限制住了，要不断地跳出小圈子，才能到达更广阔的天地。

我们知道在处理国与国之间关系时，人们常主张“求同存异，共同发展”，其实这一策略同样也是处理好个体人际关系的灵丹妙药。在社会分工越来越细的当今社会，再恪守“物以类聚，人以群分”的教条，总是待在一个固有的小圈子里，就显得有些可笑了，这样也会使自己陷入某种程度的孤立。

> 一只小青蛙厌倦了常年生活的小水沟，因为水沟的水越来越少，也几乎没有什么食物了。小青蛙每天都在不停地蹦，想要逃离那个地方。可它的同伴却整日懒洋洋地蹲在混浊的小水沟里，还不阴不阳地说：“现在不是还饿不死吗？你着什么急啊？”
>
> 终于有一天，小青蛙纵身一跃，跳进了旁边的一个大河塘，那里面有很多食物，也可以自由游弋。小青蛙惊喜地呼唤自己的伙伴：“快过来吧，这边简直是天堂！”但是它的同伴说：“我在这里已经习惯了，我从小就生活在这里，懒得动了！”不久，小水沟里的水干了，小青蛙的同伴被活活饿死了。

小青蛙不甘心在自己的小世界里终老一生，它一直在试图突破自己的生活圈子，终于实现了“鲤鱼跃龙门”。这则小故事的寓意是：只有敢于打破自己固有的圈子，才有可能改变自己的命运，才可能拥有更加广阔的发展空间。那些死守旧有习惯、不愿脱离惯有轨迹的人永远都是狭隘而可悲的，他们永远不会有所突破。

著名诗人陆游有一名句：“汝果欲学诗，功夫在诗外。”而在无比崇尚合作的今天，要想更好地成就一番事业，“功夫同样在诗外”，因为它往往不仅需要圈内人的配合，同样还需要借助“圈外”“专业领域之外”的一些力量才能够完成。

在美国硅谷流传着这样一条“潜规则”：“由两个 MBA 和 MIT 博士组成的创业团队，几乎就是获得风险投资的保证。”我们知道，MBA 是工商管理硕士，MIT 则是麻省理工学院的简称，这种博士自然都是理工科专业的。因此，MBA 和 MIT 博士可以说是风马牛不相及的两个圈子出来的人，但是事实证明，这两个圈子中的任何一个人，要想成功创业，要想获得风险投资的青睐，就必须突破自己的专业圈子，去另一个圈子中寻找自己的合作伙伴。

邓中翰在创办中星微的时候，不仅注意结交“圈内人”，他首先找到的合作伙伴是斯坦福大学的电子工程学博士杨晓东，他有在英特尔和惠普的工作经历，长期从事 CMOS（Complemetarg Metal Oxide Semiconducor，互补金属氧化物半导体）大规模集成电路系统的研究，有技术特长；紧接着，邓中翰又从“圈外”找到了移民加拿大的老同学金兆玮，这位成都电子科大毕业生，有着丰富的市场经验。当创业团队组成后，大家专门做了如下分工：邓中翰是一个知识结构和能力都很全面的人，做事情喜欢从全方位考虑，所以主持大局；说话和走路的频率都比别人快的杨晓东则对技术充满了激情，就专注于技术；金兆玮“和再难缠的人都能打交道”，所以负责销售。就这样，凭着相互的信任，这几个来自不同圈子、背景完全不同的人组成了一个完美的创业团队，一起开始了创业征程。

邓中翰在寻找创业伙伴时，没有拘泥于自己的圈子，从而做到了创业团队成员之间的互补，这种互补，既包括知识、经验上的互补，也包括性格、能力上的互补。这些因素是创业成功的一大保证。

在美国，现在开始流行一种“开放式聚会”，在这种聚会上，收到请帖的可以来，没收到的也可以来，主人一般是来者不拒。对客人着装通常也不作要求，多数人穿便服。宾客交谈时，有的坐着、有的站着；有的聊着、有的吃着，还有的看电视；有新朋，有老友，还有路过的。至于吃的喝的，有时只有咖啡和茶，有时有葡萄酒和小点心，还有自助餐。客人可以随时进出，有的打个招呼就走人，有的则待上大半天“广交”朋友，总之，形式相当随意，气氛非常轻松。

我们不得不佩服美国人的开放心态，他们这种来者不拒的态度，才能够吸引到各行各业、各种各样的人前来参加，而这种聚会也当然是打破自己圈子界限、结交圈外人的一个绝妙机会。

现在，人们面对的是多元化的人和多元化的世界，要恰到好处地应对这一切，也需要具备多元化的能力和多元化的人脉，因此，打破圈子限制，多结交一些圈外人，对你有百利而无一害。

建立人脉能量的网络和链接

我们从小到大常听的一个词叫“团结”，常听的一句话叫“一个篱笆三个桩，一个好汉三个帮”。其实这就是所谓的“朋友圈”，就是我们人脉的能量网络，而且，不只是现代人会经营人脉关系，古人也最讲究人与人之间的来往。那句“世事洞明皆学问，人情练达即文章”就是最生动的表达。因此，从古至今，人脉都是极为重要的一项成功原则。单独的个体从来都不会走太远，没有人脉的企业也不会发展壮大。

相信普通人都感受过这样一种经历：为了办一件小事，但却要东、西、南、北的跑断腿，而如果有一个朋友是此件事的直接管理者，或者是他的下属单位，那么一个电话，轻松搞定！我不是要强调有人好办事，但在这个以时间为财富，以效率至上的时代，没有相应的人脉，你的发展肯定要比别人慢很多。所以，有人就总结了一句话：想要成功，一半要靠能力，一半则靠人脉。而成功学导师卡耐基则说："一个人要想取得成功，15%靠个人能力，85%靠人际关系。"由此可以想象，想要在知识经济时代大显身手，获取成功，人脉关系才应该是重中之重。

可是，很多人会困惑，说我也想有一个属于自己的人脉圈，我也想建立人脉网络，可是为什么我总融不进去，无法与对方实现真正的交流和沟通？确实，现实生活这样的人很多，这可能有性格内向的原因，但也不排除个体自我的不肯示弱。我们说做人固然要硬气，但当面对一个陌生人时，请拿出适当的善意来，不要用一副上辈子有仇的面孔相对，这一刻你们不认识，可等到下一分钟你们可能就相识了，否则你在对方心里便会留下不好的印象。所以，时刻保持自己脸上的微笑，用阳光心态对待所有人，这是一种与人初步建立交往的最有效方法。

当然，良好的人脉关系肯定是建立在双方发自内心地接受的基础上，否则，一味地奉迎并不会获取真正的人脉能量，除非你是奥斯卡影帝、影后，可以将自己也演到戏中去，不然对方肯定会感受到你的不真诚，从而在内心疏远你。所以，良好的人脉关系一定要真诚，要给予对方应有的重视。当你看到他与众不同的长处，真心说出赞美的话时，对方便在内心接受了你所传达出来的友好、真诚信息，从而喜悦接纳你的存在。要知道，对人最大的不尊重来自连对方名字也记不住，甚至张冠李戴乱叫一气。我认为，这样的人要么极有权势，要么他身边的人脉都是假的。

不过，只知道打造自己的人脉圈，收集人脉能量还不行，想要让它发挥作用，还要将人脉连成网络，让它们成为切实可用的工具。投资界的成功人士杨耀宇说过："我的人脉成千上万，遍及各个领域。"所以，他聪明地将其连接起来，迅速由一名打工者成为五家电子公司的董事。这就是人际网络链接之后的威力。很多时候，他对于市场信息并不会提前领悟，但只要给自己周围的人打打电话、聊聊天所获得的信息，便足以抵上别人千辛万苦才作出的信息研究报告。我们说，人多的地方才有声音，有声音的地方才有信息，如果单凭一个人去对偌大的市场进行调查研究，所花费的不仅是财力，更是不可计数的时间。而建立人际网络之后，当你打通了各环节，让它们链接，就会有美妙的感觉出现。

人脉可能不是金钱，但它绝对是无形的资产，是一笔潜在不可预见的财富。但我还是要提醒年轻人，不要因为人脉重要就忘了修炼自己的能力。要知道，机会是留给有准备之人的，如果你没有一点儿实力，那再多的机会也是枉然。而且，物以类聚，人以群分，如果你没有一定的能力，那你所处的圈子就只能是一些下层的人际圈，因为一个做国际贸易的人肯定与一个靠体力吃饭的人走不到一起，也完全没有共同语言，那又如何存在人际关系一说呢？经济学家就说过："人在 30 岁之前靠的是技术，30 岁之后靠的是人脉。"因为技术为你打开一片天地，而人脉会让你发展更广阔。为了让我们的人脉能量形成帮助我们成功并顺利前行的工具，我们在 30 岁之前有必要去努力学习专业知识与技能，然后在学习的过程中，以及日后的发展中，逐步建立自己的人际网络链接。一定要记住，人脉是你一辈子都要学习的知识，因为它是让你通往财富，通往成功的入场券。

第四章 内心强大：宠辱不惊、处之泰然

每个人的使命都不同，当你找到她时，路再长走起来也是快乐的；当你迷失她时，你仍然走着但内心总会有缺失的感觉。这个内心的知觉便是最好的提醒，会不断提醒你找到属于你的使命。这个过程每个人都会经历，只是各不相同。

只要有了方向路就不远

古时候，有一个读书人，他每天都在想着做官，可是，几十年过去了，却依旧没有被任用。有一天，他再次失望地从考场回家，走到半路上，想起自己已经变老，可事业却还没有开始，悲伤之情涌上心头，坐在路边哭起来。这时，有个路人经过，看他哭得伤心，就问："老人家，你为什么哭得这样伤心呀？"读书人说："我为了求取一官半职，努力了一辈子，可却从来没成功过，我如今已经老了，以后应该再也没有出仕的机会了吧，我为此才忍不住伤心地痛哭啊。"路人好奇地说："一个人如果一辈子都在用功、努力，怎么会没有机会当官呢？是不是你错过了有利的机会？"老秀才说："恰恰相反，我从来就没得到过有利的机会；我少小饱读诗书，中了秀才之后正准备考举人，却听说君主只好任用有经验的老人，我就停下来等自己年纪增长再考；一直等到君主去世，本以为这下不用等了，可新的君主却喜武士不爱文才，我便弃文学武；现在我武艺刚有精进，可又换了新的君主执政，而且他只偏爱年轻人才；你说我都这么大年纪了，还有什么机会呢？我这一生只能叫生不逢时呀。"

说到这里聪明的你肯定明白了，如果你所奋斗的方向总得不到确定，那么你的目标永远难以达成。为什么会这样？道理很明显：这就是经历束缚了心的能量，使其总找不到方向。如果还没找到方向，有时间、有意愿也还不够，还需方向的指引，方向要有了就不怕路长；只要有了对的方向，自然路也不会变远。读书人纵使努力、用心，可是方向不对，那一切还不是徒劳？

可能现在会有很多人要问：如何寻找自己的正确的人生方向呢？我想引用约翰·列侬的一句话：“五岁时，妈妈告诉我，人生的关键在于快乐。上学后，人们问我长大了要做什么，我写下‘快乐’；他们告诉我，我理解错了题目，我告诉他们，他们理解错了人生。”是的，不要理解错我们人生的方向，因为它更多的时候就是一种感觉，你只要知道自己想要一种什么样的感觉，那么，方向也就得到了确立，无论你做什么。这就好比我们一生一定要买一套房子，房子本身不是方向，而是那种拥有房子之后的安全感。这就是我们为之奋斗的方向，有了这个方向，我们便知道了该如何朝着买房子的条件去努力、去奋斗。

如果你还不知道自己想要的人生是什么样，不知道朝着什么样的方向去努力，那不妨自己做个抉择：找一张白纸，在纸的左侧写下你最喜欢的自我感觉，可以是一样东西，也可以是一种具体感受，比如显赫、光荣、骄傲等。然后，在纸的右侧写下你目前所拥有的能力以及你的特长。很快你就会发现，比如你想要的是刘翔式的飞人感受，但却并没有良好的身体素质甚至是没有善于奔跑的双腿，那么你就应该明白，自己的这一人生方向肯定是有问题的。一个人只有真正面对自我，知其所长，懂知所有，才能知道这个方向是不是你所要走的路。否则，你只会像上面故事中的读书人一样，走至半路皆成死路。

当然，如果你认为给自己的人生设定一个有效的目标也同样是人生方向的最好选择，我并不反对。只是，你一定要记得，有时候，人生的目标往往会是不现实的错误方向。很多人会因为目标而走错方向，最终只能另寻出路。这在很大程度上浪费了人生最为宝贵的时间。可见，方向不对，目标只能是水中花、镜中月。有时候，一条路走到底的信念并不能成就你所向往的目标，只有方向的对错才决定目标是否达成。只要方向对了，通往目标的路就不会遥远。

心有了港湾就不再孤单

孤单，是个体的内心感受，它并不一定有多大危害，甚至还会激发人体向前、发展的潜力。但过度的孤单，很有可能成为让你偏激、堕落的开始。记得有部电影，叫作《中锋在黎明前死去》，就是说一位非常有名的足球中锋运动员，因为成绩出色，被一位富豪重金聘用。只不过，富豪并不让他踢足球，只让他与自己聘请的其他专业人才生活在别墅里，当成私有财产占有、闲置，以满足富豪的虚荣心理。结果，没过多长时间，中锋便因孤单而抑郁，最终早早逝去。这也就说明，万事皆需一个度，只有把握好相对的度，让孤单成为奋发向前的动力，才能减少因为孤单而带来的人生悲剧。

有一个在国外留学的男孩子，只身面对陌生的环境，加之生活习惯的不适应、对家乡亲人的思念，几乎让他无法正常生活和学习，便一度产生精神上的孤单与煎熬，几次向父母提出回国求学。他的父母面对这个问题，想了很多办法，但都有些鞭长莫及之感。最后，他们通过朋友找到了我，希望我能帮他们出一个有效的主意。我认为，这种事最简单的方法就是找到生活的支撑，一个心灵有了港湾的人是不会感觉自己孤单的。所以，我根据那个男孩子爱听乡村音乐，爱踢足球的现实，让他去与同学每周踢一场足球，并且每周拿出2~3小时去听一场乡村音乐现场会。这种事都非常方便，特别是在他留学的国家，就有以乡村音乐为主题的酒吧，听这样一场音乐并花不了多少钱。没过多久，他的父母就告诉我，现在孩子再也没说过要回来的话，而且他拥有了爱听音乐的朋友，也认识了一起踢足球的同学，已经对自己的生活非常满足了。

这个现实的案例，我们都可以理解，克服人心理上的孤单感，就是要心病运用心药医，只需为他的心灵找到支撑，给他一个可以喘息甚至是可以依靠的港湾，如此自然也就克服了因各种不适而产生的孤单感。当然，除了按其爱好进行克服外，还有很多方法都能达成人们改变孤单的目的。

首先，孤单者应该勇于面对现实。当你感觉到孤单时，人的内心总会向着热闹的环境依靠，这其实是一种逃避的做法。因为当热闹回归平静，当你重新面对自己，那就很容易再度陷入另外一种孤单里去。反而是以一种面对的心态，强大自我承受能力，用积极的心理暗示来告诉自我：耐得住黑暗，才可能迎来阳光明媚。这样不管是处于人生的困境，还是处于事业的低谷，都能让你勇敢地接受现实，并等待机遇的来临。这种做法虽然需要强大的内心世界，但却可以让人更成熟、更充实。

其次，创造自我生存环境。当我们遇到这种让人孤单的境遇时，不妨找一找原因，不妨在现实的基础上进行拓展。鲁迅先生说：世界上本没有道路，只是走的人多了才成了路。我们的生活也是如此，当你在原有的状态中不能得到满足，无法摆脱孤单时，就应该大胆地跳出被自己封闭的人生圈，从而创造自我生存的新环境。这种创造可以是一次与陌生人的交谈；也可以是一次愉快的旅行。只要有了放开的姿态，很快你就会发现生活原来有很多条路，你的心并不孤单。

最后，安抚情绪上的紧迫感。一个人如果紧张、恐惧、害怕心理过重，往往会产生强烈的孤单感受，因为他感觉自己完全得不到外界的支持与呵护。这种心理不但会减少你敞开自己心灵的机会，还会加重你内心的沉重感，从而增强孤单感受。这时你所要做的就是转移自己的情绪，去做一件无关对错的事，跳出思想的沉迷，不给它层层累积的机会。如此，心中的紧迫感也就无形中降低甚至消失了。

其实，用最简单的话来形容孤单，就是自己的内心失去了寄托。孤单时你只要给自己一个目标，一个有效的行为，哪怕是思想上的放松，就会减轻你的孤单感。所谓人闲生病，刀闲生锈，长期无所事事，总会让你失去努力的动力，如此孤单也就自然而然的不请自来了。如果为心情、为思想、为人生，寻找有效的目标，给心一个安全的港湾、温暖的归属，人生又岂会有孤单可言？

心不死，目标还在

失败，是每个人都要面对的现实，没有谁可以一生不经历风雨，没有谁可以一生都一帆风顺。可是，面对失败时，你会以什么样的心态对待，又该用什么样的力量来扭转它呢？记得企业家徐小平说过一句话："创业者是永远不会失败的，除非他放弃或者消失；一次性成功当然最好，但即使是乔布斯，也曾经被苹果开除过，做事可以失败，但做人不能失败，只要创业者心不死，创业就有成功的可能。"这就告诉我们：面对失败，只要心不死，目标还在，就会迎来属于自己的成功！

我相信，并不是只有创业者才不惧失败，坦然面对成功，而是所有的人都拥有这种心不死，目标还在的信念。对于人生来说，每一个人所面临的苦难，都是一样的，只是不同的人面对苦难的方式不一样而已，而所有这些都是对人生最好的安排！我们只有坚定不动摇，努力不放弃，真正的成功才会到来。就如同培根所说的一样："超越自然的奇迹多是在对逆境的征服中出现的。”

只是，很多人会困惑，失败我可以承受，但又该如何面对失败之后的问题，并顺利地解决它呢？确实，这是一个人面对失败时，最应该考虑也最应该迈出的下一步。在我看来，当面对境遇的不顺，事业的失败时，你完全可以按照下面的几点做。

1. 不要去看他人的成功与否

一个失败的人，再怎么比总是低于成功者的，就算对方的成功只是一小步，都有可能让你产生心理上的不平衡，或嫉妒，或羡慕。佛家认为，羡慕别人的人，内心会不平静。其实，嫉妒别人的人，心理也同样不会平静，它会让原本的失败雪上加霜。这对于失败的人来说，是一定要谨记的教训。我们所要做的就是积累自己的精力与经验，重新面对即将开始的下一步。

2. 理性对待目标

失败往往有很多的原因，包含过程中的不足以及目标确定的合理性。此时要有平和的内心，想一想失败的原因所在，然后将它与自身的情况进行对比。前面我们说过，如果方向不对，只有好的目标也是难以达到的。所以，只有理性地对待你想要达到的目标，找准方向，才能有所成就。

3. 坚定自己的信念

这一点非常重要，这是心不死，目标还在的坚持，因为一次失败我们大都可能会承受，那第二次失败呢？有时，往往就是要经历若干次的失败才能终成正果的，这就要求我们拥有一次又一次承受失败的能力，才会真正达到成功。坚定的信念就是支撑一再失败的基础，没有它，我们坚持不了多久。

4. 确认目标，鼓舞士气

记得有这样一个心理实验，就是将一只小白鼠放进水里，它会通过自己的胡须来判断自身位置，从而顺利游到岸边。可是当把它的胡须剪掉之后，小白鼠便失去了探测方位的“武器”，最终溺死在水池里。心理学家称这种行为为“意念自杀”，也就是当一个人无法确定自己的方位时，便失去了努力的信念，从而结束生命的行为。可见，反复进行目标确认，让目标来约束、监督自己，是非常重要的。它能帮你时刻充满动力，让你士气不减，最终走向成功。

除了以上四个方面，我想每个人都要有疏导自身情绪、调节自我心理的能力。而这种能力只需和身边的人进行互动即可得到。有句话说：“一份快乐与两人分享，就变成了两份快乐；一份痛苦与两人分担，就只剩下了一半痛苦。”这告诉我们，一个人的内心再强大，也难免空间有限，反而是适当的分享与分担，才会实现理想的疏导和调节作用，让自己、让他人得到良好的心理转化。

当我们内心强大，承受能力强的时候，失败中的摸爬滚打都将变得特别有意义。

境遇不好的时候，活在未来，走在当下

无论顺境、逆境，都是人生常遇之境。我们一生当中，势必会遇到困难、险境，从而成为逆境之中奋力跳跃的个体。可是有很多人认为顺境是人生的必然，而逆境则是人生霉运的开始。其实不然，我想在这里告诉你，顺境是让你走在当下的开始，逆境则是让你活在未来的希望。一个人

若能将心与身分开来行走，那么，就算境遇不好，又有什么关系？他一样可以安然度过现在，完美迎接未来。

也许有人会告诉我：你错了，应该是活在当下，哪有活在未来的人。没有活在未来的人吗？如果你真的这样认为，那我只能说你的思想不够前卫，完全没有领悟“希望”这个词的真谛。未来是什么？就是我们追求的希望而已，而所谓希望，不就是未来不可见的预知？谁没有对未来的期许，谁又没有对未来进行畅想？不管是工作还是学习，不管是快乐还是痛苦，甚至吃饭、行走、存活，我们心里一直是有希望存在的，都是为未来做准备的，这就是活在未来的最有力证据。

当我们的境遇不好时，可能会有太多人选择愤怒、抱怨、懊悔，甚至直接影响了正常的生活脚步。这种做法真的好吗？我们如何不满，如何气愤，境遇依旧不会改变。可我们如果用希望来充实内心，用坚强不乱的脚步行走在当前，改变现状的机会就更大一些。正是因为如此，我才要说：境遇不好时，活在未来，走在当下；心与身相辅相成，共同为人生铺下希望之路。

当然，这种心、身同行的生存原则并不是每个人都擅长的，他可能会让你产生混乱与不安，甚至是精神疲惫。但如果具备了良好的运用手法，自然这种坦然面对逆境的方法就简单多了。在此，我要告诉你几条关于我自己对于活在未来，走在当下的经验。

1. 目标清晰

活在未来的希望就在于你有着远大的目标与理想，那些未曾实现，但一直存在的目标就是让你始终坚持、始终相信的源头。所以对于没有未来、没有梦想的人来说，希望是太渺茫的事情，完全摸不着头脑。可对于有理想、有目标的人，它则是自己为之奋斗，不肯停止脚步的动力。哪怕经历再多的苦难，面对再大的逆境，我们都将会因为对于“希望”的渴望，而坚定地行走在当下逆境之中，不离不弃。

2. 面对现实

逆境中的行走是困难的，但我们不能因为困难便偏离主道，如果真的如此，那活在未来的心将永远是一种痴心妄想。身与心纵然是不同的两条道路，但却时刻相连，你所要达成的未来必定要循着你所确定的那条路去走，捷径、小路都有可能让希望变成海市蜃楼，永远遥不可及。因此，活在当下的重要性就是面对现实的决定，只有这颗决心够坚定、够强大，你活在未来的希望才可能成为现实。

3. 寻找支撑

不是所有的人都具有坚强的信念，特别是在逆境中行走，往往让人产生放弃的念头。当未来还很远，当下又难行的时候，你不妨通过身边的亲人、朋友或者是有利的现实给自己鼓劲：至少我们不是一无所有，至少我们还有安慰与依靠。这种支撑就如同克服困难的过程中的一个又一个停歇点，当你累的时候，便可以依靠它得到暂时的休息，从而积攒再一次向未来进发的动力。

辛弃疾的词里有极好的一句：了却君王天下事，赢得生前身后名。所谓君王天下事，就是走在当下的必然过程，每一个人，每一个生命，从出生到结束，都势必经历自己愿意的，不愿意的生活过程。它是必需的人生，虽然有着无可奈何，但无从逃避。而赢得生前身后名，这身后之名自然是对自己未来的期许。它如同我们的梦想，我们的人生目标，我们拼尽一生，也不过就是为了这一个结果！

未来与当下，都是人生，都是生活。要选择其中一种，还是要两路并行，完全由你自己决定，但我们必须要明白一点，世界时刻都在变，包括生活、人心、道路，唯一不变的是我们依旧活着。因此，我们需要面对好的境遇，也必须要面对不好的境遇，当面对不好的境遇时，何不就活在未来，走在当下！

接受不完美的自己

生活中，有一种人对自己要求特别高，我们称其为完美主义者，因为他们容不下自己和他人的半点儿差错。而另外还有一种人，那就是消极者，这类人最显著的特征在于：我不如别人，一切都由别人去做吧。我们可以简单的理解这类人的心理，他们没有办法接受自身不足的地方，也不能承受挑战之后的失败，所以宁肯一事无成，也不愿去试一试。

但是，大多数人不会知道，我们若对自身的缺点总是加以掩盖甚至是不承认，势必就会消耗掉个人正面的能量。如果我们承认了自己身上的不足，并大胆地接受它、分析它，那么我们最终所得到的不仅仅是更真实的生活与自己，还有自身勇于发现和接受的正能量。

大家一定听说过世界著名的广告公司创始人大卫·奥格威的名字吧？但他先天有哮喘病，直到上了大学，病情还在加重，这让他几乎无法承受身体上的折磨。与此同时，他参加了智商测试，结果发现自己的智商只有96，不要说和天才相比，就是与一般的人比，自己也不算突出。这让大卫非常失望，从而对一切变得消极起来，认为自己就是天生的普通人，并不比谁聪明。所以，大学还没毕业，他便自动终止了读书，跑去打工。

开始时，大卫想学厨师，可很快，他发现厨房的油烟让自己无法适应。于是，他又开始做推销员，做调查员，甚至做农民。但没有哪一样工作可以让他长久做下去，因为他不知道自己到底想要干什么。随着年纪的增长，大卫终于发现，自己一直漂泊不定，不过证实自己还在活着，因为他不能接受哮喘病这个现实，也不能接受这个病可能出现突然猝死的后果。于是，他告诉自己："我天生有毛病，我可能会比别人早死，但我不能逃避，而是要利用为数不多的时间来接受冒险，这是唯一可以走向成功的道路。"最后，大卫做起了广告，很快，广告公司获得了成功，从最初的6000美元投资变成了年营业额十亿美元的大公司。而大卫则说："只要比竞争对手活得长，我就赢了。"

这就是人性所存在的两面：一是面对；二是逃避。如果我们一直对自身的不足掩藏和不接受，那就会离成功越来越远，但如果你看到了自己的不足，并欣然接受这不完美，就会出现让你自己也不敢相信的现实。因为不完美恰恰是塑美的开始，当你看自己，发现自己很美，你遇到了真实的你，并接受了，你的生命就开始绽放了！这在某种意义上来说，是一种心理的积极暗示，发现自身的不完美，并接受它的存在，才可以让你去积极面对问题，并改正错误，从而迎接完美的自己。

如果你还不知道如何面对并接受自己的不完美，那也不要紧，因为从心理学上来讲，接受的过程可以是循序渐进的。首先，我们要有自己的群体。一个人对若干事件、问题的接受和感知总来自于对比，这就好比一个缓冲的过程：当我们面对自己身上的不足时，会感到不认可，无法接受，但如果群体之中他人也存在这样的问题，那自己正视问题的勇气就会加强。同时，因为有他人作比较，你会想到别人身上不完美的地方让自己很难接受，从而反观自身，并刻意去改正这些不完美，这就是积极正面的影响作用。

其次，要学会分析自身存在不足的原因。世界上从来没有无缘无故的爱，也没有无缘无故的恨，我们的不完美之所以会形成，也必定有其前因后果。而发现了这样的原因所在，就能对这“因”所产生的后果有所认知，同时接受就在情理之内了。

再次，我们不能接受自己的不完美，说到底因为它是一种比较负面的东西。此时，我们若能用补偿的心理来改变对不完美的看法，那就容易接受。比如一个胖的人，减肥一直没有效果这个问题，其主因就是运动量不够。那么对于不能接受自己因为懒而不想动的人来说，就可以这样想：胖会让我变得难看，而动起来，我就能减掉多余的赘肉。于是胖人最终因为想变得更美丽而去运动，而此时胖的根本原因得到确定，并进行了更正。这种方式的接受比较曲折，但它补偿了懒负面因素所带来的自我不满，并加强了改正的动机。

最后，学会发现不完美所具有的意义。这意义不仅包括其负面的影响，同时也包括它相对的美好。一个人只有意识到了不完美、负面影响，以及改正之后的美好意义，才会想要去寻求正视不完美，并接受它，改正它。所以这种不完美的接受就在于自身对于问题的发现和分析，当你从一个事件中，找到具有负面、不完美的影响之后，就能知道为什么会出现那些不足，从而自动去正视不完美的存在，随之约束自我并改正。如此，接受自己不完美的结果只有一个，那就是让我们更具有前进的动力。

为王者外圆内方

俗话说：没有规矩不成方圆。而这方圆是什么？如果放在现代处世的学问中来看，可能会更好理解一些。所谓方，应为为人处世的原则。而圆呢？则是为人处世的应变能力。“方”可以让我们堂堂正正做人，处世有方；“圆”则可以给我们锋芒不外露，内理自乾坤的顺畅。

可能有人会认为，“圆”就是让人在处事中变得圆滑。如果你一定要这样认为也没什么关系，因为我们每个人都生活在人群中，不够圆滑的人总是会磕磕绊绊，最终总是要打磨了自己，以疼痛为代价，才能行至人生顺境。可我还要告诉你，圆并不是一味让你圆滑钻营，因为圆的缺点在于它不能停留，它是没有根的，过分圆滑的人往往会在最后停下的时刻摔倒。

正是因为如此，我们才要懂得方、圆结合之道，以圆为轮，以方为轴，方圆结合，不失原则却不乏包容，这才是真正的外圆内方的处世之道。“圆”是为了更好的“通”，让自己在行径中更好、更快的到达。圆的目的不是为了滑，而是更多的做到不受他人、环境的影响。

看那些成功的人，哪一个不是外圆内方？曾国藩的大名相信人人都知道，他的成功也不是一般人可比的，这是为什么？因为他太懂得方圆的运用。当年太平天国起义，曾国藩数次带兵与太平军进行厮杀。而在若干年的对峙中，曾国藩几次遇险，其中有两次都险些投水自杀，最终稳定下了起义军队，让清朝皇帝暂时安坐在龙椅上。但古代君臣之间，有一个词不能逾越，那就是：功高震主。当臣子的一旦功劳过了头，就会引起皇上的猜疑与群臣的疑忌。在清朝这样的事例屡见不鲜，隆科多、年羹尧就是最好的例子，曾国藩怎么可能不知道？所以，当迎来了人生的显赫与功绩之后，他自动退位，不但不与人争，更不以功邀赏，让皇上想抓他一个“小辫子”都不能。也正是因为如此，曾国藩才能一生平顺，寿终正寝。

这就是方圆运用得当、伺机而动的人生，更是因人、因势，极尽中庸之精髓所在。因此，那些刚直不阿的人一生只能留下遗憾，那些过于圆滑的人又往往落得前功尽弃，只有外圆内方者才可获得成功人生。很多人论能力、论才学都不相上下，但之所以会有明显不同的人生，就是因为为王者懂得外圆内方的道理：

外圆是为了走得更顺、更远、更轻松，内方是让自己走得有方向、有准则、不迷失自己；

为王者要根据符合天道世道的规律的利弊行事；

为王者喜怒哀乐都在内运行，而不在外运行；

为王者洞察人心，通过嗜好、愿望去发现他人的志向和意图，通过真情实意去发现他人的性格；

为王者以把握事物的关键点为解决问题的入手处。

内在规律可巩固外在形态，外在形态亦会影响内在本质。其实，方圆人生的智慧也告诉我们另外一个道理：很多表面弱的人，最终恰恰成为真正的强者。这就是因为他掌握了方圆有变的内涵。在历史人物中，刘备就算是最为典型的以弱示人，实则外圆内方之案例。他用弱来对众强，才最终让别人给了他喘息、生存的机会，从而一举成就自己的王权。所谓兵无常势，文无定法，做人也是如此，与道路上寻找机会，于艰难中等待时机才是能屈能伸的方圆人生。若刘备只一味用强，不能遇方则方，遇圆则圆，方圆兼济，那他的为王人生也就要化为虚有了。

日常生活中的我们，不管是求职、交友或者是经商，方圆之道同样实用。它不只让我们取得财物的盈满，更让我们成就自我内在的强大王国。因为学会外圆内方，就能上可升，下可守，进退两相宜。一个深谙方圆之道的人，经营起人生来才会游刃有余，和谐统一。同时，每个人还要知道，心有多大，舞台就有多大。一个人若心中只装下自己，就只是自己的王；心里装下家庭就是家庭的王；心里装下国家就是一个国家的王；心里装天下就是天下的王，能做多大的王，与你心中能装下多少有关系。

王道要遵循世道，世道要遵循天道，天道也在有序指引世道、王道。

我们每个人都会是人生的王者，路好走时走快点，路难走时走慢点，遇到障碍不死磕，要么爬过去，要么绕过去。只要我们总在前行，就总能够到达。

第五章

我是主角：管好自己的方法

少一些期待，便会多一些快乐！你对得起自己的良知，便拥有了最大的财富！何必执拗于眼前的是非得失，放下它，化作一股不灭的斗志与动力，在你崛起后一切都会是你最好的证明和解说词。

心中那自由世界，伸手仿佛就在眼前

在民主、自由时代，人们最不缺乏的可能就是对民主、自由此类词汇的认知。可是，什么是真正的自由呢？我们到底有没有真正的自由？恐怕有很多人并不能完全理解。想说什么就说什么，想做什么就做什么才是自由吗？还是一切以自我为前提，我行我素才为真自由？显然，这肯定不现实，自由若以个人为中心，那将是一场相互矛盾的对峙，你的自由很可能是让别人失去自由。因此，在这个世界上是没有绝对的自由而言的，通常来说，自由的推进，必定有着规则的束缚；只有行走于相对的空间内，你才有相对的自由。

不过，这并不是说我们就彻底与自由无缘了，因为在我们的内心有着完全自主的决定权，如果我们的内心能不受到外在的影响，那它就是真正的自由所在。

有这样一个小故事，说一个至高无上的国王带着自己的士兵去打猎。可是，在路上他遇到一位隐士。这位隐士见到国王并不进行参拜，也全无崇敬之情。国王对此很不高兴，他问隐士："见到我为什么不行礼参拜呢？"隐士说："你作为我的奴仆，我为什么要参拜你呢？"国王很不理解，想明明我是国王，天下一切均为我所有，我怎么会成为他的奴仆呢？就问："你这话是什么意思？快告诉我你的道理，如果你说不出道理我就要对你数罪并罚了。"隐士并不害怕，只是淡淡地说："《小止观》中有记：'一切众生常为五欲所使，名曰奴仆。'你虽然是国王不假，但你每天被欲望、愤怒、抱怨所驱使，不是奴仆是什么呢？可是，我却已经放下了各种欲望与不满，自然不是奴仆，也就不用向你行礼了。”国王听完隐士的话，似有所悟，很尊敬地对着隐士行礼，然后绕道而去。

这个故事告诉我们的正是心灵的自由才是真正意义上的自由。的确，凡事都是如此，真与假之间往往存在某些内在连接，就如同沙滩与海水、平原与高山。如果我们不能面对无法填平的空间，对于自由的理解就只能停留在不合现实的欲望中。只有敢于正视处境和自己，承认不完美的存在，才会有更好的心境。自由就是这么简单的东西，它让你的心与你的生活保持着相对的距离。

其实，一个人想要拥有内心的自由，想要掌握自由的尺度，并不是一件困难的事。因为当一个人内心足够强大的时候，可以从容应对生活中的困难、内心障碍的时候，自然也就对生活游刃有余了。而这份游刃有余，就是面对一切事物时所拥有的自我约束、自我把控，也就是我们所追求的自由！当然，这样的内心强大、从容与淡定的能力，还来自于对现实的认知。试想，一个人如果连最起码的挫折与困难都不能面对，那么他的内心又何来自由，他的心灵又如何强大？

所以，我们说每一个心灵自由的人，都是内心足够强大的人。而这内心的强大，便来自于对外在、对自我的反省与认知。面对任何事，保持一种不逃避、不放弃、不恐惧的心理，这种心理会支撑我们勇敢向前迈进。当我们对生活有了充分的理解和包容，对困难有了全面的应对与解决，自身的自由能量就会随之增长。这就如同一条河流，当河底的积淤过于深厚的时候，势必要减少蓄水的容量，但当将这积淤清理掉，那么河道蓄水能力也就随之扩大了。我们的内心也是如此，面对问题时，全力以赴地去解决，随着我们面对的事情越多，解决的问题越多，自然也就慢慢积累了强大的应对能力。这时我们的内心就会变得逐渐强大而且充满必胜的信心。这样的心，这样的人，又怎么可能不自由呢？

苦与甜都是自己的定义

我们一直说，现在生活越来越好了，可是感觉自己很幸福的人却越来越少。而有数据显示，在我国，每年因为压力大而死于自杀的人就有20多万。这说明了什么呢？有压力的人普遍反映活得太苦，看不到希望。但是，又有一大部分人认为，现代生活比以前好太多了，好吃的，好穿的，想要便可以轻松拥有；每天都像过节，生活之中到处都是甜蜜。因此，人们被分为“苦”与“甜”两大类，他们站的位置不同，所体验到的苦与甜也有所不同。

按这样的分类来说，人生不是苦就是甜，处在两者之间的倒很难把握。而且，世间万物又总是从一端走向另一端，没有常乐，亦无常苦，而苦与乐也没有深浅、高低的程度之分。因为每个人所感受到的苦与甜的人生都只能是片面的。

著名的禅师给人们讲法完毕，有一位女信徒找来，哭得一把鼻涕一把眼泪，说：“大师呀，我这一生是真苦啊。小时候父母管得特别严，动不动就要受惩罚，完全没有美好的童年可言；好不容易长大了，结婚后却日子穷得要命，与丈夫白手起家经历若干苦楚，还经常夫妻吵架；现在年纪大了，儿女也都独立了，把他们的孩子又送回来，我每天没有一刻闲工夫，就这样还被他们说啰唆。我的命呀，怎么就这么不顺呢？”禅师听完却笑了，说：“你为什么不把问题反过来看待呢？从小你就受父母关心，细致呵护你的成长；结婚后，又与丈夫同甘共苦，共同奋斗；现在老了，儿女都有所成，不用你操心，同时更有孙辈绕于膝前，让你尽享天伦，什么样的人才能收获这样圆满的人生呢？所以你不是一般的好命呀。”那位女信徒听完，一下也笑了，说：“原来我的生活这么好啊。”

这就是人生的苦与甜，你站在不同的位置，所看到的就是不同的面。它们因为情境不同，而让人感受不同。你所谓的苦对于别人，可能就是一种甜，只不过被你自己定义成了苦而已。想一想，生活中不乏此类例子，有人因为好不容易得来的工作，哪怕在大太阳下操劳也心满意足；而有的人，吹着空调，吃着西瓜，却为凑不够一桌玩麻将的人而苦恼。同样是人生，同样是苦与甜，在工作着的人眼里，苦恼的人就是在享福，而在苦恼者看来，工作着的人才充实。可见，“这个世上哪有什么苦难，苦与甜都是自己定义的。”当你需要的东西刚好得到，你便感觉得到了甜蜜；当你所拥有的东西失去了，你便认为是苦恼。因时、地、人的不同，甜与苦就这样被定义，被交换替代。

想要走出所谓的苦，就要放下所谓的甜，因为甜与苦一直就是并行的一体双面，你只想拥有其中的一面是不现实的。佛说怨憎会苦、求不得会苦、别离会苦。可是我们回过头来想一下，怨憎的最初正是相亲相爱的甜蜜，求不得的过程正是心向往之的美好；别离的原因则是因为一直聚在一起。没有人会因为一个陌生人离开自己而悲伤，也没有谁因为别人的东西丢失了而怨恨不满。我们之所以感觉苦，正是因为享受了最初的甜蜜。如果你这一刻正品尝着苦滋味，那也就意味着你已经尽享了之前的种种幸福。

反过来说，也是一样，你现在的幸福、甜蜜，都是曾经奋斗、吃苦结出来的果实；你现在的职位、权势，都是曾经身处底层打拼出来的结果。成熟的人会用智慧的眼光看待自己所正经历的一切感受，而不自艾自怨于单纯的苦，或者一味羡慕、追求所谓的甜。有因，有果，这是人生的有来有去，如果你一定将去视为人生之苦，把来看成人生之甜，那未免眼光太过狭隘了些。

我们的人生其实是没有所谓甜与苦的，如果你一定要用这样的词汇来形容人生，定义现在的生活状态与滋味，那么你就要给自己一个有甜就会有苦，有苦才会有甜的心理安慰。如此，人生的生老病死才变得自然，人间的伤害别离才显得真实，我们的生活也才真正有滋有味。

先管好自己，再改变世界

人类，往往将成功视为征服世界。这里面虽然有展现人生魄力的意思，但更多是在表达，只有成功的人才能改变世界。换言之，一个连自己都管不好的人，是不能改变世界的。毕竟，改变世界是需要力量的，这力量是在能管理自己的基础上一步一个脚印地积累。

曾经有一个心存梦想的年轻人，他一心向往的是大城市，好生活。可是大学毕业之后，却偏偏被分到了一个偏僻的山村做老师。年轻人满怀愤怒，甚至连山村那些孩子也看着不顺眼，上课也不愿有序进行。有一天，在给孩子们上地理课时，他翻开地理课本，地图上首都的版图格外显著，这让他马上感觉到无比的失落，曾经，这个城市是他最为向往的，可现在却被发配到小山村里来，成了孩子王。

想到这里，他不愿再讲课，就让同学们将课本里带首都地图的这一页撕下来，然后再撕成碎片，说：“下面大家将自己撕碎的地图再拼起来，看谁能拼的最好、最快。”说完，年轻人便走到一边去伤心，他认为这节课孩子都会因此而大伤脑筋了。可没想到只过了5分钟，就有一个小男孩儿站起来，说：“老师，我拼完了。”年轻人当时一惊，问：“你怎么会这么快就拼出来呢？”男孩儿说：“这很简单呀，地图的后面是一张人物画，我想只要人是正确的，那么世界就应该是正确的，当我翻过来地图就合在一起了。”年轻人看着孩子，很长时间没有说话，但他深深感觉到了自责，孩子说只要人是正确的，世界就是正确的，可是自己一无所长，连教一群孩子都不能用心，凭什么要去大城市呢？自己如此偏执，又如何让世界正确？从此，这位年轻人安心留在了山村，成为一名优秀的教师。

一个小小的故事，便足以告诉我们，当你想要改变世界的时候，你最应该改变的是自己。这就如同威斯特敏斯特大教堂地下室里一块墓碑上所写的一样：“当我年轻、自由、想象力没有尽头的时候，我梦想改变世界；当我长大，变得聪明，我发现世界是无法改变的，因而我收回眼光，决心只改变我的国家。但对国家我也无能为力，在我垂老的时候，作为最后一搏，我决定改变我的家人。那些与我最亲近的人，可他们还是不可改变。现在，当我临终之时，我才懂得：如果我能改变我自己，那么我可以用自己的榜样去改变家人；在他们的感召和鼓励下，我也许能让我的国家变得更好；进而，天晓得，我或许甚至能改变世界。”

我们从来不会嘲笑一个人心有大志，但我们会看不起只放眼世界却忘了反思自己的人。因为你志向再大，其根基都在自己脚下。人生的真谛就在于谁能主宰自己的命运，谁就能走向成功。一个连自己也管不好的人，却每天大叫着要改变世界，这不可笑吗？我国古典名著《大学》中就这样说："古之欲明明德于天下者，先治其国，欲治其国者，先齐其家；欲齐其家者，先修其身；欲修其身者，先正其心；欲正其心者，先诚其意；欲诚其意者，先致其知……"可见，古人就已经明白，人生成功的关键，不在于你的口号多响亮，而是你对自己有多少自省与管理。一个顺应规律进行发展的人，其结果必定是成功，而一个想要世界为自己改变，然后再管理自己的人，其结局只能是失败。

纵观我们身边的每个人，大家对于管理自己、改变世界的认知其实都很清晰，可为什么到最后还是没有走向成功呢？细想想也不难得出答案，现代生活的诱惑太多，世界太过浮躁，以至让奋斗的人完全失去一步一步向前的耐心，从而总想一步登天。这种急于求成，往往省略的就是自身构建过程，为自己前进的道路埋下一个又一个的陷阱，只有当我们走得疾、跑得快，准备跳跃的时候，才会发现脚下已经不稳，并应声而倒。因此，不论是学生还是工作者，不管是年轻人还是已经有所成就者，不妨随时静下心来，看一看自己所面对的生活，及时管理自己，约束自我行为，从而使自己拥有改变世界的强大力量。

隔离负能量，放大正向意念

如今，最流行的一个词叫作"正能量"，它可以给我们阳光，给我们勇气，给我们爱，让我们一路自信的前进。可是，与正能量相对的肯定是负能量，这种能量如同大家所熟知的"维特效应"，因为心理上的感染与暗示，而发生无可回逆的自杀热潮。之所以会如此，就是因为正能量有多大力量，负能量便同样拥有多少感染力。所以，当我们对着正能量敞开怀抱的时候,一定不要忘了为自己装一道隔离之门，将负能量隔离在心外。

生活中，负能量的来源其实很多，而且，这些来源有时就潜藏在我们自己身上，当遇到负能量源头时，便如同应声出动一般，让人想要躲避都感觉困难。我们不妨看看杀伤力相对较大的几种负能量源。

1. 懒惰

这是多少人想要克服却始终无力摆脱的问题，它不但让人变得拖延成性，还让人找出各种理由和借口成全。通常，一个人懒惰就会带动身边人一起跟着拖延，如果是一个工作团队，往往就会因为懒惰而成为效率最低的组织了。

2. 自卑

之所以将自卑放进负能量，是因为它对于人自身能力的否定。一个连自己都否定的人，怎么会敞开胸怀拥抱正能量呢？因此，自卑不但要隔离，更要在自己的心里戒除。不然，你的正能量就要永远被这没完没了的自卑给浇灭，成功、胜利、竞争等所有的前进都变成一种设想，永远不可能实现。

3. 抱怨

抱怨带来的负能量最为明显，当一个人开始抱怨、不满时，很快就会有另一个来附和，接下来你就会发现，如果有人不跟着一起抱怨就好像他暗中得了什么好处一样。因此，要么你跟着抱怨，要么你被群体踢出去。可见，此负能量的功效之强大。同时，抱怨还会带来消极怠工的情绪，让你工作越积越多，成绩随之下降，完全变成被动的人。

4. 攀比

攀比容易带来心理上的不平衡。一个包包，一双鞋子，甚至是一块手表，都可能引起人们攀比。这种“激励”不但不能加强人的能力，反而会为了提高攀比力度，迅速让人变得盲目。这样的负能量最害人，也最让人感觉不值。就目前社会状态来看，男性也开始进入到这种攀比之风中，比家庭，比车子，一应可以拿出来的，都会在暗中较劲，甚至因为攀比而结下与他人解不开的结。

当然，除了以上四种比较突出的负能量之外，猜忌、怠慢、嫉妒、冷漠、麻木等都是让人避之不及的超级负能量元素。不管是生活中还是工作中，离这些负能量越远，我们成功、幸福的机会才越大。而想要远离这些负能量，不受它们影响的最好方法，应该是关注自己的内心，那里有美丽世界等待我们去探寻，不需华丽的语言和形式，你只要关照她、温暖她、滋养她，她就会更亲近你，你就会活得更真实。你的躯体是你的身，而她就是你的心，你的灵。这就是放大自我正向意念的做法，当我们将自己的正向意念提升了，那么也就拥有了足够的信念力，从而摆脱负能量的追随。

通常来说，想要自己的正向意念强大，也可以通过正能量的积蓄和日常行为的促进来达成。最重要的一点是增加自我价值感，这并不是要走歪门斜路、抢功争名。而是用自己的内在能力，来对好和坏、对与错、是与非进行全面分析，从而敢于大胆、公开地表达自己的意见。

另外，与朋友分享也是不错的方法。毕竟，谁也离不开朋友，谁都会拥有所谓的圈子。如果你的朋友是向上、乐观、阳光的，那么你就会跟着这个步调一起向上。享受人生乐趣的同时，还能调整自己的不足。只不过与朋友在一起，虽然可以无话不谈，但不应该以他人的弱点当谈资，过于放肆的玩笑，很容易会变成负能量的开始。

当我们自身对于负能量有了辨别能力，当我们自身正向意念向上提升，生活、工作以及人际中的不足就会退而避之。这时的我们所传达的是一种快乐的向上能量，我们感受的更是一种舒适、趣味的人生体验。少了面对工作时的不满，多了人与人之间的关怀与互动。如此人生，又岂是压力、沉重所能涉足的呢？

让使命感来驱动自己

记得比尔·盖茨曾经说过一句很好的话，我认为对每个人都很适用，这句话就是："我不是在为金钱工作，钱让我感到很累；工作中获得的成就感和体现出来的使命感才是我真正在意的。"是的，如果每个人一生只是为了积攒金钱，无疑会产生抱怨之感，但如果将自己的付出与努力看作使命与成就，人生就会变得更有意义。可能很多人会说："我工作本来就是为了养家糊口，谈什么使命与成就！"确实不假，我相信世界上很多人都是在用工作养家糊口，但我们可以从另一个方面来想一下自己的工作：因为我工作，所以我的家人有饭吃，有衣穿；因为我工作，所以我的生活不空虚。这难道不就是使命与成就吗？这样你还会工作的不情愿，感觉工作没有意义吗？

看过一个发人深省的小故事：从前有三个水泥工在修缮教堂。当时天气非常热，站在日头下工作特别辛苦。这时，有一个人从教堂里走出来，问第一个人："你在干什么呢？"第一个人很不耐烦，擦着汗说："你看不到吗？我在砌砖头。"那个人什么也没说又走向第二个人，又问："你在干什么呢?"第二个人也同样擦一把脸上的汗水，但带有自豪地说："我正在修建教堂，这可是世界上最大的教堂啊。"那个人什么也没说，继续走向第三个人问道："你在干什么呢?"第三个人并没有停下手里的活，而是一边干一边说："我正在修建能净化人们心灵的伟大场所。"

同样的一个问题，我们得到了三个不同的答案。第一个人的人生注定充满抱怨与不满；第二个人已经学会了认可自己的职业；只有第三个人，在他的回答中充分显示出自我使命感的存在。因为有这种使命感，第三个人会非常愉快地进行手里的工作，而第一个人则只能被动操劳着。人们常说快乐也是一天，不快乐也是一天，任何事情都不以我们的情绪为转移，我们为什么不带着成就与使命的满足去度过呢?

有人会问："使命感到底是什么？要如何在自己的生活中挖掘并驱动它呢?"读了马克思与此相关的话你就会明白。马克思说："作为确定的人，现实的人，你就有规定，有使命，有任务，至于你是否意识到这一点，那是无所谓的；这个任务是由于你的需要及其与现存世界的联系而产生的。"这也就是说，使命感是客观的存在，它是一种人类自我的认知和愿景，它为完善社会，推动社会文明进步而存在，但并不是任何确切的物质存在。意识到"这一点"，你就会对自己所面对的问题欣然接受，并做出积极回应。如果你无法正视它的存在，那你就只能纠结痛苦于自己的生活现状了。

使命感实际就是一种正能量，它可以激发你对人生的希望，也可以点燃你对生活的热情，更能使你对人生具有责任感。有使命感的人是坚强的，这将注定他的奋斗会为他带来成功。所以，我们一定要用心驱动自己的使命感，从而帮助自己脱离低级的、错误的人生认知。

如果你还在为找不到自己身上的使命感而苦恼，如果你还在为不知如何驱动它而惆怅，那不妨多看看名人的经历，看看那些成功的企业。这些人与企业，都有一种不可动摇并坚持的精神，这就是使命感。例如我们说过的比尔·盖茨；例如我们华人的骄傲李嘉诚。他们已经生活无忧了，可是他们还是辛勤地工作。因为他们所信奉的不是金钱，而是自己的使命感。其实，如果一定要给使命感进行定义，我想说，那是每个人自我角色的定位。就好像你是一位父亲，你的使命就是让自己的孩子健康、快乐、衣食无忧地长大；如果你是一个工人，你的使命就是用心工作，为公司创造应有的财富。如此，你还会为找不到使命感，不知如何驱动使命感而苦恼吗？

所以，使命感是自然存在的，你不必去费尽心计寻找，你所要做的就是接受自己的使命，进而用心去完成它。至于驱动自己使命感的方法，恐怕在你了解了使命感的属性之后，已经很明白了：自我肯定，自我坚持，就是驱动自身使命感的最好方法。

第六章

心灵认知：内心深处的需求探知

不要跟自己讲道理，要跟自己交心。财富是一种能量，钱也是有情绪、有脾气的，你敬它，它便亲近你，你不敬它，它便远离你。它被无数人抚摸，可见它也曾帮助无数人实现所需，它会因此而更加纯净且有能量，抚摸它去感受那股能量，理解什么是真正敬它。

用心说出的话，最温暖人、最滋养人

我们在生活中遇到过很多能言善辩之人，但这样的好口才却最终只给我们留下虚情假意之感。这是为什么？因为最好的话来自于一个人的真心，而不是它被多少华词丽句包裹。这就如同我曾经说过的：“用心说出的话，是最温暖人最滋养人的！每天真心欣赏自己，用心分享，爱自己，爱身边人！生活的美便开始向你走来！”如果我们想让他人感受到自己的真诚，就一定要学会用心和对方说话。

可能有的人会不理解用心说话的意思。其实，它并没有太深奥的内涵，它就是要求我们真诚、用情感去讲要说的话，要表达的意思；做到以口传心，以心达情。俗话说，口为心之门。不用心思考，不用情感“雕琢”的话永远只能是敷衍，打动不了对方，也不可能让别人对你敞开心门。

我们中国人讲究“做事先做人”，而所谓做人，就是让别人认可你、接受你。如果你说话总是冷冰冰的，毫无真诚、温暖可言，那所说出的话只能是一种声音，没有人会愿意听你说，也不会有人对你留下好的印象，更不要谈接受你了。至于那些为了讨好别人而刻意准备的客套话、官场话，实在就是噪声，谁会愿意用自己的时间来听你信口开河、滔滔不绝呢？人们总认为乡下人朴实、厚道，就是因为他们习惯与人讲“掏心窝子”的话，这也充分表明：真诚的话才给人好感，而那些有“艺术”的语言容易引发他人置疑。

有一家著名的食品公司招聘员工，来参加应聘的人都准备的非常充分，但只有一个叫约翰的男生，刚刚大学毕业，还保持着学生时代的单纯，对应聘也没有刻意准备。当时，众多应聘者坐在面试经理面前，面试经理则随机提问。约翰发现，所有的应聘者都能说会道，回答问题不但对答如流，而且流利、动听，总能显示对经理的恭维，唯独自己结结巴巴、语出平平。

就在约翰着急的时候，面试经理问他："你有什么专长呢？你认为自己最适合我公司的哪一个职务？"约翰看了看大家，根本不知道如何让自己的回答更能打动人，只好实话实说："其实，我是刚毕业的学生，对自己的专长也不怎么了解，不过我很愿听听您的意见，如果让我来公司实习，我也没意见。"面试经理看着约翰，思考了一分钟，便说："你被录取了，明天八点钟来公司报到。"所有的应聘者都很惊愕，他们很不理解，为什么自己准备的这样充分，却不如一个刚毕业的大学生。可是面试经理却说："我在他的话里听出了想要认真工作的意思。"

约翰的回答没有对经理的恭维，但是却以真诚取胜，他的真诚让人感受到他认真对待工作，愿意接受指导。哪个上司不愿寻找一个认干、想干、真诚的员工呢？可见，用心说话的好处就在于它能让对方清楚地理解你的心思和想法，让人感觉轻松，也更有人情味。所谓表里如一，即心口如一的意思，一个说话时用真心来表达自己的人，是在用自己的感受与人交流，这是会感染对方的。

经历过心理治疗的人应该可以感受到，当心理咨询师站在你的角度，用你的心声来表达他的意见时，你很快就放松了，而且接受起来也心悦诚服。相反，如果心理咨询师对你冷傲、高高在上，满口都是"专业术语"，你还愿意与他沟通、交流吗？很明显不会，因为你们不是站在同一个位置上，你感觉没有办法与他进行交流。这是为什么？很简单，在心理咨询师放低身段，用完全平等、温和的声音与你对话时，你心理上感觉到了轻松，并且感受到了来自对方身上平和、温暖的关怀之情。所以，你愿意真正打开自己的心扉，将自己的隐私、秘密托付给咨询师。而咨询师能成功打动你的方法，不过是用“心”说话。

其实，所谓用心说话讲究的就是一个“诚”字，世界上没有人会拒绝真诚。当你能够放下自我的优越感，站在对方的角度去看待问题时，那么所说出的话势必会引起对方的认同与接受。这样不但你们之间的交流可以融洽，而且能轻易将复杂的问题简单化。

我们都知道，说话是一门学问。但这门学问绝不是简单的钻营与虚伪，更不是只捡好听的话来诱惑对方。而应该是以真诚的心对待别人，用善意的语言打动别人。这样对方才会认可你的用心，接受你的认知，甚至是你的意见。因此，以真心才能换得真心，以真诚才能换回真诚。如果你还不知道自己为什么无法与人真诚相待，那就试着用心去说话，用心里话去温暖、滋养对方吧。

心静了、净了、纯了，哪里都是道场

大家应该都听过“拈花微笑”的故事，可很多人却不明白，当时大梵天王对摩诃迦叶别传一宗，到底传的是什么。其实，那就是佛教只可意会不能言传的宁静、祥和、淡然之心境。因为佛家修行所求的不外乎无欲无贪、坦然自得；而摩诃迦叶对花微笑，说明已经体会了其中之真谛。

这对于现代生活中，压力山大的我们来说，是最好的提醒。我们为什么总感觉到压力大？为什么总感觉到累？你或许会振振有词：求学、升职、人际……哪一样不让人疲惫！确实如此。可是，人生有舍才有得，当你放弃享受为一个目标奋斗的时候，也就得到了与目标相接近的机会。这样的你应该感觉到高兴才对，又怎么会有抱怨、不满、疲惫呢？归根结底，人心之不安，只不过来自一个字“欲”。而有“欲”也并不可怕，可怕的是你对每一件事都有欲望，事事都想要完美。到最后，你几乎连自己的初衷都忘记了，连自己都快不认识了，你怎么可能不累？摩诃迦叶之所以拈花微笑，就是因为无欲无贪，坦然自得。这就如同慧能佛祖所说：“菩提本无树，明镜亦非台，本来无一物，何处惹尘埃。”如果“一个人的心安静了，纯净了，愿意跟自己亲近了，也就更加淡定从容了”。如此，何来压力、疲惫之说呢？

可见，一个人用心太多，就会方寸大乱，这样，不管身处何地，想要求一份安宁，都不可能得到。

曾经有一位年轻的和尚，他一心求佛，希望可以早日得道。但是苦修多年，却始终没有进步。所以，他一直怪自己修行的寺院不好，认为那里简陋，不适合参禅修道，便游走四方，寻找好的修行之处。有一天，他听说得道的高僧就住在深山寺院里，于是立刻打点了自己的东西，不远千里寻进山去。没想到高僧所住的寺院非常破，还没有自己最初的寺院好呢。他就问高僧：“请问您得道之前做些什么呢？”高僧说：“砍柴、担水、做饭。”和尚又问：“那得道之后呢？”高僧依旧说：“砍柴、担水、做饭。”和尚听完笑起来，说：“这也叫得道吗？”高僧却非常坦然，说：“我得道之前，砍柴时总想着水还没有挑，挑水时又想着要烧什么饭，等到了烧饭又要想去哪砍柴了；可是得道之后，我砍柴就只想砍柴，挑水就只想挑水，做饭便只想做饭。”和尚听完陷入深深思考，原来：无欲无求，静心当下，这才是真正的得道，想要参禅、修行，又管他是什么寺院、什么环境呢？

这告诉我们一个道理，当生活中我们感觉不到心静，感觉不到淡然的时候，不是我们的压力有多大，也不是环境多不好，而是我们的内心出了问题。欲望让我们瞻前顾后，欲望让我们奔波、疲累，这样的生活永远得不到坦然与安宁。《道德经》中有一句话，叫作“为学日益，为道日损。”也就是说学习知识时，学的越多越好，但想要修身养性，则记挂的越少越好；否则，你的心里怎么可能安静。生活也是同样，当你追求一个目标的时候，不妨暂时忽略其他欲望的诱惑，这样你才能一心一意，才能内心安然。这就是“心静了、净了、纯了，哪里都是道场，随时在禅修、在修行”的道理。

当然，纷繁的社会往往给人太多诱惑，想要真正静下心来，做到净心、纯心，确实不容易。但佛说：“闲居无事可评论，一炷清香自得闻。睡起有茶饥有饭，行看流水坐看云。喜笑颜开，复映心静而神通万应；逍遥自在，物我两忘归自然。”这无疑是追求净心的最好方法。一个满心满脑都是物质欲望的人，一个时刻想要眼观六路、耳听八方的人，哪怕将你放在深山无人之处，恐怕你也会因思索过多而心无宁日吧？

所以，不如学学《大学》中所讲的：“静而后能安，安而后能虑，虑而后能得。”无论是谁，也不管你想做什么，先给自己的心一片净土，为自己的内心松绑。当你拥有真正能辨识欲望之眼的时候，当你内心清楚所行之路的时候，才能不为压力所困，不为疲劳所扰。如此，又何须再为生活方式、生存环境而苦恼呢？又何必再为心灵上的安宁而苦苦追寻呢？

“身、心、灵”的和谐统一

很多人面对纷繁生活带来的疲惫，总想要逃避才感觉轻松。可是，这显然并不是行之有效的方法。每个人都很清楚，逃避所牵累的，最终只能是自己的人生，为其埋单的永远是自己。所以，与其逃避现实，不如努力让“身”“心”“灵”和谐统一更切实可行。因为，只有三者统为一体，我们才能用认知面对现实，从而学会适应生存现状并做到接受。如此也才能让我们拥有强大、健康、富有活力的身心。

那么，身、心、灵如何和谐统一呢？我们还应该从单独个体开始说起。首先，是对“身”的理解。身为身体的外部呈现不假，但它还应该包括佛家所讲的“地、水、火、风”。地 = 皮肤、肌肉、骨骼、内脏，这些都是可直接理解的内、外呈现。而水 = 血液、津液包括我们身体上的汗水，以流动来展现的物质，就是水。火 = 温度，这是我们每个人都不可能脱离的现实，没有体温，我们只能是石头、冰块，完全称不上生命。风 = 气体，我们的呼吸，体内对血液流通进行推动之气等。如此，我们才成就了身体最真实的内涵。

“心”，我们可以将其视为精神状态的一种表现。我们每个人都有着最为直接展现给外界的精神状态，比如今天心情不好、生病、疲惫等通过脸色、行为就能传达出来。不仅如此，心会认知、思考、谋划。没有情、礼、义、智、恨、痛等感受的心，是没有办法让人正常存在的，也会失去智慧。

很多人对于“灵”可能会感觉玄妙，认为这是看不到，摸不着，也没有形状的东西，完全不知从何说起。可是我想问：哪个人没有灵魂？不要将灵魂与心放在一起当成相同的，它们是完全不同的。心主宰了人的精神与动态，而灵则负责人的本真与纯洁。我们修心养身，为的就是让灵魂安然，不受困扰，如此，我们才能活得有所依托与向往。因此，灵魂纵然看不到，摸不着，但可以给人感觉，让人精神升华。

如此，我们便明白了人体之身、心、灵三合一的重要性。三者如果不能达到和谐的统一，我们是没有办法安宁的。举个最简单的例子，有些经商的人，明明不用付出体力上的劳动，但一样每天喊累，用他们的话说，就是“心累”。此心便是灵魂上“运作”过多，身、心失去平衡。而有的人则一生简单，每天吃饭、干活、睡觉，完全不用心，最终活得像机器一样，还大喊空虚。这同样是身、心、灵被放置在了不同的位置，从而使三者不统一所致。可见，身、心、灵三者不统一，不和谐，想要真正轻松是很难的。

那我们要如何让三者和谐统一呢？应该说这并不困难，做到六个字，基本上可以让你的身心灵和谐统一，这六个字就是：身健、心康、灵静。因为一个健康的身体能为心提供良好的依托，而一颗健康的心又是灵魂升华的基础；灵魂得到升华，人体精神状态得到肯定，从而促进身体的健康。这可以说是一个周而复始，永不停息的运转过程。此时，如果身、心、灵中的一个因为过度运用或者经常不用而出现了问题，即打破了身、心、灵运转过程中的协调，随着人的精神状态、心灵感受、身体健康便逐渐走向土崩瓦解。这时的你，不要说轻松，就是想要最简单的生存都成问题；如此又怎么会不累，不苦，不感觉到煎熬呢？

那么，如何让身健、心康、灵静？很简单，适当地运动可让身体强健，而经常的自省能使心康泰，不断地修炼内心能让灵魂安静。这就如同一个关系链，或者心理学中生存需求的关系：只有身体好了，心才开始有所想，心得到了满足，灵魂进而产生需求。所以，道家说：道生一，一生二，二生三，三生万物，每个人都应该是身、心、灵良好的和谐统一体，三者缺一不可。三者若不协调，人生则不均衡。唯有三者合一，平衡共处，你才能从中拥有静心、淡泊、安然的处世能力，才会真正享有轻松、阳光的生活现状。

构筑你的信念系统：信念、价值观、规条

生活在世上，每个人都有所信仰，因为失去了信仰的心会空虚无依，会失去奋斗的动力，就如同美国诗人惠特曼说的一样："没有信仰，则没有名副其实的品行和生命；没有信仰，则没有名副其实的国土。"所以，我们的生活离不开信仰。而我们若想要在诱惑之中加强信仰，想要在繁杂之中完善信仰，就要在自己的内心构筑属于自己的信念系统。

因为有信念，所以才坚持，并最终成就可以实现的信仰。如果没有信念，就不会坚持下去。这就是大多数人所认知的：唯有内心拥有坚定不移的信念，信仰才得以成真。强大的信念会在精神上鼓舞人，激励人，让人迸发出自己所意想不到的潜力。我曾读过一个有关信念的故事，现在分享给大家：

有一支科考队伍，在撒哈拉大沙漠迷路了，他们踩在烫脚的流沙上，不知何时才能走出去。最让人恐惧的是，大家的水已经喝完了，在沙漠中没有水，就意味着死亡。所有的人都面面相觑，不知怎么办。这时，领队的队长举着自己的水壶说："不要担心，我这里还有一壶水，但我不会一个人享用它；我希望大家可以一

起坚持着，在我们走出沙漠之后，来分享这壶甘甜的清水。”就这样，大家仿佛看到了生存下去的希望，一起努力跋涉，当有人实在渴的受不了时，队长就让它掂一掂自己背上的水壶，队员们掂着那沉甸甸的水壶，似乎感到了自己喝清水时的爽快，因此受到鼓舞，再继续向前走。经过一天一夜的坚持，大家终于走出了沙漠，当他们一起围着队长，想要一品壶中的清水的时候，队长却从壶里倒出一堆的流沙。

这就是信念的力量，对一壶清水的信念，足以帮助大家走出沙漠，帮助大家摆脱死神的魔爪。而在信念系统中，信念的力量就是引导一切成功的基础，没有它，每个人都不可能坚持、坚强不屈。所以，想要为自己构筑信念系统，首先要做的就是为自己树立一种信念，一种可以支撑自己超常发挥、始至不渝的信念。

在信念系统里，价值观的确立非常重要。我们所有要追求的东西，必定是自己心中认为最正确的、最值得的，包括人、事、物。这不但关乎自我的认知取向，更关系到自己的价值取向。因此，价值观的确立非常重要，它将直接决定我们是不是有信念走到最后。从某种程度上来说，价值观要与信仰一致，因为价值观决定的是个人对信仰的认知能力，只有价值取向与信仰一致，才会达成自己内心最高级的信仰。

当然，你要选择追求什么，想要最终达成什么样的目标，那都由自己决定。但不可否认，越有意义、越被普遍认可的事物才越具有价值。这就是人们的认知，是人的价值观的表现。一个人向往什么样的生活，想要实现什么样的理想，都是由个人的价值取向来决定的，但显然，唯有明是非、辨善恶、知荣辱等一切正能量才是正确价值观的标准。所以，你所追求的理想、梦想与他人无关，但如果不符合人们所遵循的价值观念，则会让你备受苦楚。比如犯罪分子认为博取大钱就是自己的价值所在，而不去计较用什么手段，那他的价值观也就没有人会认可，也不可能得到社会的支持。

在信念系统中，很多人会将条规看成与信念相一致的东西，但其实不完全正确。因为信念是一种支撑，而条规则是一种准则。这应该是认知与践行的区别。当我们为自己树立了努力学习，不断进步的信念时，价值观体现在学习的最终目的上，而条规则是学习的准则，比如认真听课、进修、做笔记等。所以，条规是保证信念系统成立并顺利实施的准则。它可以是按照别人的经验而得来的行为准则，也可以是自己按照教训总结出来的行为准则。但不管是哪一种，都是系统中最为脚踏实地的行为准则。

由此可以看出，人生的信仰来源在于强大的信念支撑，更来自于正确的价值观，以及按条规行事。三者相结合，组成强大的信念系统，最终成就的就是人生之无悔。这就如同“时光流逝，每个人走过的岁月不同，留下的永恒更是不同!”但这不同却能体现出每个人不同的信念、价值观与所遵守的条规。

跟着心走，就是遵循内心的感受

人总是这样，往往面对的选择越多，就越不知所措，所以今天想这样，明天又想那样，可最终往往只会纠结、痛苦，却一事无成。人生难道真的如此难以抉择吗？记得乔布斯说过一句话：“你的时间有限，所以，不要为别人而活；不要被教条所限，不要活在别人的观念里；不要让别人的意见淹没自己内心的声音；最重要的是，要勇敢地去追随自己的心灵和直觉，只有自己的心灵和直觉才知道你自己的真实想法，其他一切都是次要的。”多么中肯的告诫呀，跟着心走，也就是遵循内心的感受，一切还有什么难选择的呢？

曾经，有一个年轻人想要去看看外面的世界，所以背着包上路了。但刚走没多远，便出现一个岔路口，他站在路口想：我该走哪一条路呢？这一条前面不知是什么地方，如果我走这一条，另外一条路上的风景就错过了；这也就是说，我选择这一条，就意味着失去那一条路，而且重走一次的可能性不大，这样做的代价有些大，这可怎么办呢？这个年轻人越想越发愁，越愁就越不知往哪走。最后，索性坐在路口哭起来。这时一个放羊的老人赶着羊群走来，他看到这个人哭得伤心，就问：“年轻人，你为什么哭呢？”年轻人便把自己的想法告诉了放羊人，并且问：“你说我怎么选择才对呢？”放羊人说：“我不知道你怎样选择才对，但我可以告诉你我的选择。”年轻人就说：“你的选择是什么呢？”放羊人说：“我以放羊为生，羊去哪里，我就去哪里，这就是我的选择。”年轻人呆呆地站在那里，说：“我怎么办呢？”放羊人没有说话，用手指了指年轻人的胸口，然后赶着羊走了。年轻人又待了好一会儿，才突然醒悟：这是让我跟着自己的心走呢，只要跟着自己的心走，就一定是最正确的。

我们的人生就这么短短几十年，如果总是用大量的时间去纠结、痛苦，那么还有多少时间是用来行动的呢？当我们不知道朝着哪个方向前进，不知道做什么样的选择时，为什么不问一问自己的心？现代社会最大的便利在于信息的便捷与丰富，可是再多的信息量，都只是用来方便我们的生活，如果我们每天靠着分析来自各个渠道的信息以甄别自我选择的对错，不是要活活累死？我们与其在众多的信息中选择纠结，不如利用这些选择的时间去读一本书，去完善一下自己的思维体系；这比对错综复杂的信息进行分析，或者猎奇有意义得多。

我们说，一个人只有在不够充实，分辨认知能力不够强时，才会陷于不知如何选择的苦恼之中。就像现在的孩子，过多听从父母的意见，完全不知道自己的兴趣爱好，在他们的行为中，永远都是被动接受。这致使很多人在成年之后，也将婚姻全部交由父母打理，完全不能单独面对婚姻所延伸出来的人际交往，这自然就为日后的不幸福埋下了伏笔。如果我们能问一问自己到底想要什么，听一听心在说什么，那么我们所面对的还会是今天被动接受的现状吗？

其实，这种不会听从心灵声音的症结，还在于我们生活当中的一些盲点。比如很多人都在谈规划，谈人生，谈未来成就，可他们偏偏就忘了那不是自己真正想要的。而且，太多人的梦想中，被加入了父母的要求，爱人的期待，家人的目标。一个不是内心真正向往的目标，试问又有多少力气可以坚定信念，坚持完成它呢？虽然说我们考大学、找工作的从众行为没有错，可我们不能不承认，大学并不适合所有人，就如同一份令人羡慕的公务员工作却并不适合一个闯劲十足的年轻人一样。在生活中很多目标就是大家攀比而得出的所谓梦想，它与我们内心的想法实际上有着很大的差距。正因如此，很多人才会面对着所谓的梦想实现，却得不到丝毫的快乐与满足。

可见，与其为不是发自内心的选择纠结，不如遵循自己内心的声音，跟着心行走。适当放下身边人为你编织的欲望之网，放下所谓的面子，去为自己的内心搏一搏。如此便可以很好地摆脱外界的困扰，同时可以主宰自己的行为。要知道，只有一个内心足够强大的人，才会拥有听从心灵召唤的能力，当你跟着自己心走的时候，也就意味着你已经成为了这样内心强大的人。

神入的三个条件：启动能量、能量纯正、能量指引

面对现代生活的纷繁，神入是一种非常良好的修心养性行为。它能让你摒弃外界的干扰，同时聆听自我心声，从而让内心的需求得到满足，让自身真正静下来。这对大多数正在现实中经受煎熬、感觉痛苦的人来说，也是一种很好的解脱办法。因此，神入一直被心理治疗师视为最好的心理治疗方法。

只是，很多人对于神入这个词感觉到陌生，不知道它是什么意思。其实，如果抛开复杂的心理学，用最简单的个人认知来解释它的话，我认为神入就是将自己的心放进他人心里去感知的能力。这种感知兼具了感觉他人，但又能保证自我独立的觉察力。所以，神入往往让你看透很多事情，然后很好地去面对。这对于心理压力的解除无疑是非常有帮助的。不过，不是所有人随便就可以做到神入的，因为你必须具备以下三个条件。

1. 启动能量

我们想要神入，最先要启动的就是自我内心的能量，也就是相信自己可以神入。这种意念可以帮助我们很好地进入内心，并相信自己拥有这样的力量。我们总是说信念可以让一个人强大，而神入也是如此，如果我们相信自己可以做到，那么就会全神贯注地让自己去做，并不怕失败与困难。当然，启动能量不能操之过急，也不能试图寻找任何外界物质的帮助。唯有自我意识，才是启动这种能量的根本。因为每个人都有着天生的意识，它可以感受身体内在的生命力，可以认知疼痛与快乐。而且人的意识可以进行自我沟通与连接，比如我们体内流动的血液，意识让每个脏器

知道自己需要多少血液，从而去吸收多少。不论是肝、肾，还是其他器官都因此而精确至极。这就是意识带给身体的生理功能智慧。

感受也是如此，如果我们能坚信自我能量，并调动意识，然后反观自我，便能让内心慢慢神入。这种相信自己可以神入的能量能帮助我们在内心构建一个只有自我才能认知并理解的神入意念，同时加强自我意识，深化神入能量。我们只需要沿着这种意念去用心，便可以慢慢真正地做到神入，并为后面的神入打下良好的基础。应该说启动能量就如同一条通往神入的道路，坚定的意念便是铺平这条神入之路的开始，它通往的方向正是神入的大门。

2. 能量纯正

当我们内心的能量开始启动时，我们必须要把握一个原则，那就是尽力给它最正面的向上意识。因为正面的能量更积极、向上，对人体有着更强大的修行、建设作用。记得有一部电影，叫作《意外人生》，讲得就是一个用强大向上信念制造奇迹的故事：男主角在出去买东西的路上，意外受到枪击，被射中脑部的他完全失去自理能力，全身瘫痪。不过，他用强大的信念支撑自己，进行康复训练；经过几个月的练习，他居然可以双脚平衡行走了。这就是信念的力量，让一般人难以做到的事变成了现实。其实不只是加强自我信念可以帮助神入，发心为对方好的能量也一样可以达到这样的效果。因为这就是能量的纯正性，它可以帮助我们内心坦荡并且从容。而且，一个一切为对方好的人，其自身的杂念是非常少的，这种纯正能量意念以及强大的感知能力也是他人所不能比的。

所以，能量纯正是决定神入的条件，当这种正能量的阳光散发到全身，那么身体内在的不足也将得到弱化。这就好比一个身体有疾病的人，因为自我的认知得到加强，并增强了康复信念，往往恢复起来就会格外快一些。因此，当启动身体能量以后，一定要保持它的正能量，这样你神入才有意义。

3. 能量指引

很多人都知道，道家养生以意念为导引。其实这也就是能量的内在流通方式，所以，当我们启动了身体能量，并进行纯正定位之后，下一步所要做的就是引导能量在体内进行流通，以对方为中心，以期达成所设定的神入。

通常来说，发心为对方好的纯正能量是可以让人摒弃内心杂念，忘却自我，将自我的一切都通过对方来感知的。也就是说，当我们将自己消融于对方的痛苦、快乐中之后，我们的意念便远离了自我的世界。这种远离不一定都是对的，但它可以肯定地让你感知：我在对方的世界里，我在以对方的心理来面对他的问题，并从中找到想要的答案。这种做法，远比我们用自己的观念，自己的认知，关在自我的世界中去分析、判断事物来的更有效，也更公正。心理疗愈师之所以能够带动来访者，并感知对方、理解对方、帮助对方，正是用这种一切为对方好，以对方的世界为中心，充分尊重对方存在的神入方法来解决问题的。

一般来说，我们想要神入，哪怕是想要给自己一份安宁与淡然，甚至求一个解决问题的方法，都应该要满足神入的三个条件。从相信自己可以神入开始，用发心为对方好的纯正能量来进行自我信念督导，最终以对方的世界为中心，全然站在对方的立场上。这样才会达成神入的目标，成就最终所要追求的意义。

管好自己，做最幸福的人

第七章
情绪肿瘤：解除心锚，适时转念

生活中，我们大多数时候都受控于情绪，它让我们愤怒、暴躁、怨恨……这些情绪就如同一个个『肿瘤』，让我们没有办法平心静气地处事、为人。其实，这并不能怨生活，要怨就只能怨自己没有掌握好自己的情绪，没有掌握摘除『肿瘤』的方法。事实上，只要我们解除内心之锚，适时转念，便会让我们拥有积极向上的阳光心态。

什么是情绪

有的辞典将情绪定义为："任何心理、感觉、感情的机动或骚动，泛指所有激烈或兴奋的心理状态。"

情绪究竟是什么呢？

我们不能说是外界的人、事、物让我们产生了感受，而是外界的人、事、物触发了我们的感受。这种经外界触发，由内心表现出来的状态就是情绪。

再来重申一下，什么是情绪。情绪就是经由外界人、事、物触发，让人们产生了一种内心感受，并由身体呈现出来的状态，就是情绪。

情绪表现为以下几个方面：

第一，生理变化，如血流加速、心跳加快、呼吸加快……

第二，主观感觉，如感觉不舒服，具体表现为眉头紧皱、嘴角下垂、拳头紧握、肌肉紧绷……

第三，行为冲动，如打人、摔东西……

情绪的主要特征有：无所谓对错、常常是短暂的、会推动行为、易夸大其词、可以累积，也可以经疏导而加速消散。

人类拥有数百种情绪。它们或泾渭分明，如爱恨对立；或相互渗透，如悲愤、悲痛中有愤恨或愤怒中夹杂伤痛；或大同小异的情绪彼此混杂，十分微妙，往往只可意会，难以言传。在纷繁复杂、波谲云诡的情绪面前，语言实在是有点苍白无力。

情绪是人心理世界的反映，人的任何心理活动都伴随着一定的情绪表现。情绪是人对客观事物的态度及体验，是人的需要得到满足与否的反映。

人的情绪复杂多样，目前尚没有一种统一的情绪分类方法。

有人按照情绪的发展顺序，把情绪分为原始情绪、基本情绪和复合情绪。认为愉快、愤怒、恐惧和悲哀是最基本的原始情绪。基本情绪是按面部表情来区分的，可以分为以下十种：兴趣、愉快、痛苦、惊奇、愤怒、厌恶、惧怕、悲哀、害羞和自罪感。成人除上述原始情绪、基本情绪以外，还有许多复合情绪。例如，对自己的有骄傲感和谦逊感；与他人相关联的有爱与恨、羡慕与嫉妒等，这些都是两种以上基本情绪的混合，因此称作复合情绪。焦虑和忧郁等可能带有异常性质的情绪，也是几种基本情绪的混合，如焦虑包括恐惧、痛苦、羞耻、内疚感等成分，忧郁包括痛苦、恐惧、愤怒、厌恶和羞耻等成分。

还有一种比较普遍的分类方法，是按照情绪的状态把情绪分为心境、激情和应激三种形式：

第一，心境。它是一种持久而微弱的情绪状态，可以形成人的心理状态的一般背景，心境有愉快、不愉快之分。

第二，激情。它是强烈、短暂、爆发式的情绪状态，通常由突然发生的对人有重大意义的事引起，如暴怒、狂喜、绝望等。

第三，应激。它是指人处于威胁情境下，采取必要行为时或无力应付受威胁时所产生的情绪状态。

决定情绪的因素

任何心理、感觉、感情的变化都会引起情绪波动，那么，决定情绪发生和变化的因素到底有哪些呢？

1. 决定情绪发生的关键因素是认知评价

认知评价受一个人的知识经验、思想方法、信念和价值观等影响。认知评价是决定情绪发生的关键因素。比如，不能辩证地认知评价的人，在受到挫折时往往只看到失败的一面，而产生悲观情绪；能够辩证地认知评价的人，在遇到挫折时，则会以“失败是成功之母”来激励自己，而不致产生消极情绪。

关于认知评价对情绪发生的重要性，一位心理学家曾做了一个著名的实验。他把实验对象分成两组，分别给他们注射肾上腺素。肾上腺素能使人出现血压升高、心跳加快、呼吸加快、脸色变红等症状，对正常人不利。然后让这两组人同时依次经过令人非常高兴和非常愤怒的两个特殊环境。告知其中一组人刚才注射的是维生素，告知另外一组人真实情况。结果发现，经过上述特殊环境时，被告知真实情况的一组人情绪更稳定。

为什么会这样呢？这位心理学家分析说，被告知打了维生素的人在认知上无准备，易受环境影响而表现出较强的高兴或愤怒的情绪；而被告知打了肾上腺素的人有所准备，就会有意识地控制自己，不让自己太高兴或太愤怒，所以情绪状态比前者稳定。

2. 决定情绪的主要因素是事物与人的需要之间的关系

事物本身并不直接决定一个人的情绪，而必须通过人的需要等主观中介，所以情绪可以说是人与事物之间的某种关系的反映。事物与需要的关系既决定了情绪的积极或消极，又决定了情绪的种类及程度。举个例子，你在商场看上了一条项链，想买下来，可价格太高，使你不能如愿而产生失望、沮丧甚至愤怒的消极情绪。可这不能怪项链，要怪只能怪你对它的需要，你若不想买它怎么会烦恼呢？如果价格比你的支付能力高一点或者你不是很需要，你的消极情绪可能会弱一些，因为努力一点就可以买到或者不要也无所谓；如果高出许多而你又喜欢得不得了，你的消极情绪就会强一些，因为如愿的可能性很小。

3. 决定情绪的另一重要因素是事物与人的预期的关系

所谓预期，是指一个人根据自己的经验、习惯对客观事物做出的估量。人的预期是不断变化的，可能被人充分意识到而表现为有意识的估量，也可能未被充分意识到而表现为潜意识的估量。

一般地，客观事物超出人的预期越大，它所引起的情绪也越强烈；反之，则越微弱。也就是说，事物与人的预期之间的关系决定着情绪的强弱。另外，这种关系会决定情绪的类别，尤其是惊奇一类的情绪。当客观事物超出预期达到一定程度时，人就会产生惊奇情绪，并可根据不同的超出程度，区分出从新鲜感、新奇感，到惊讶、惊愕，直至震惊、惊厥等一系列不同强度的惊奇情绪。

情绪和心理的关系

研究表明，强烈的情绪反应会骤然阻断人们的正常思维，持久而炽热的情绪则能激发人们无限的潜能去完成某些工作。这几乎是显而易见的，生活中你一定会有这样的体验：在情绪好、心情爽的时候，思路开阔、思维敏捷，学习或工作效率就会提高；而在情绪低沉、心情抑郁的时候，则思路阻塞、操作迟缓，学习或工作效率降低。也就是说，情绪会左右人的认知和行为，具体表现在如下几个方面。

1. 情绪影响人的心理动机

情绪能够影响人的心理动机，可以激励人的行为，改变人的行为方式。积极的情绪可以提高人们的行动效率，加强心理动机；消极的情绪则会降低人的行动效率，减弱心理动机。一定的情绪兴奋度能使人的身心处于最佳活动状态，发挥最高的行动效率。这个最佳兴奋度因人而异。

2. 情绪影响人的智力活动

情绪对人的记忆和思维活动有明显的影响。例如，人们往往更容易记住那些自己喜欢的事物，而对不喜欢的东西记起来则比较吃力；人在高兴时思维会很敏捷，思路也很开阔，而悲观抑郁时会感到思维迟钝。

3. 情绪影响人际信息交流

情绪不仅仅存在于一个人的内心，它还可以在人与人之间进行传递，而成为人际信息交流的一种重要形式和手段。

人的情绪通常伴有一定的外部表现，主要有面部表情、身体动作和言语声调变化三种形式。比如，人们高兴时眉开眼笑、手舞足蹈，讲起话来神采飞扬；发怒时横眉立目、握紧拳头、大声吼叫；悲哀、悔恨、失望时则语言哽咽、顿足捶胸、垂头丧气……

所有这一切都是一种具有特定意义的信号，可以传达给他人并引起他人的反馈。人们通过细微甚至难以觉察的情绪信号来彼此传递和获取信息，这种信息有时是难以用言语来直接表达的，只是在此基础上进行下一步的交流。

不良情绪的危害

1. 人的不良情绪主要有两种

第一，过度的情绪反应。它是指情绪反应过分强烈，如狂喜、暴怒、悲恸欲绝、激动不已等，超过了一定的限度。

第二，持久的消极情绪，是指人在引起悲、忧、恐、惊、怒等消极情绪的因素消失后，仍长时间沉浸在消极状态中不能自拔。

2. 不良情绪的危害主要表现在两个方面

（1）心理危害

不良情绪与心理问题大多有着密切的关系。过度的情绪反应，会抑制大脑皮质的高级智力活动，打破大脑皮质的兴奋和抑制之间的平衡，使人的意识范围变得狭窄，削弱正常的判断力和自制力，甚至有可能使人精神错乱、神志不清、行为失常；持久性的消极情绪，常常会使人的大脑机能严重失调，从而出现诸如焦虑症、抑郁症、强迫症、神经衰弱等各种神经症和精神病。

（2）生理危害

不良情绪还可严重损害人的生理健康。我国古代医学中很早就有关于不良情绪影响人的生理功能的论述，如“内伤七情”“喜伤心，怒伤肝，忧伤肺，思伤脾，恐伤肾”等。

①不良情绪会影响消化系统功能。如人在恐惧或悲哀时，容易导致胃黏膜变白、胃酸停止分泌，发生消化不良；在焦虑、愤怒、仇恨时，则会

胃黏膜充血、胃酸分泌增多，容易发生胃溃疡。

②强烈或长久的消极情绪会造成心血管机能紊乱，引起心律不齐、心绞痛、高血压和冠心病，严重时还可导致脑栓塞或心肌梗死，以致危及生命。

③不良的情绪会影响内分泌系统，导致内分泌失调，使皮肤灰暗无光，在女性身上还表现为月经不调，甚至发生闭经。

④长期消极情绪会损害免疫系统，造成人体抗病能力下降。

⑤消极的情绪还会引起肌肉收缩甚至引发痉挛疼痛。

如何转移你的情绪注意力

在20世纪60年代的美国，有一位很有才华、曾经做过大学校长的人，准备竞选美国中西部某州的议会议员。此人资历很高，又精明能干、博学多识，看起来很有希望赢得选举的胜利。但是，在选举的中期，有一个小谣言散布开来：三四年前，在该州首府举行的一次教育大会中，他跟一位年轻女教师“有那么一点暧昧的行为”。

这实在是无中生有，恶意中伤。这位候选人对此感到非常愤怒，尽力想要为自己辩解。由于按捺不住对这一恶毒谣言的怒火，在以后的每一次集会中，他都要站起来极力澄清事实，证明自己的清白。其实，大部分的选民根本没有听到过这件事，但是，后来人们却越来越相信有那么一回事，真是越抹越黑。公众们振振有词地反问：“如果他真是无辜的，他为什么要百般为自己狡辩呢?”如此火上浇油，这位候选人的情绪变得更坏，也更加气急败坏、声嘶力竭地在各种场合中为自己洗刷，谴责谣言的传播。然而，这却更使人们对谣言信以为真。最悲哀的是，连他的太太也开始转而相信谣言，夫妻之间的亲密关系被破坏殆尽。最后他失败了，从此一蹶不振。

人们在生活中有时会遇到恶意的指控、陷害，更经常会遇到种种不如意。有的人会因此大动肝火，结果把事情搞得越来越糟，就像这位议员一样。

当你因不愉快的事而情绪不佳时，不妨试试转移自己的情绪注意力，不要在不愉快的事情上纠缠不休，陷入恶性循环。

1. 积极参加社会交往活动，培养社交兴趣

人是社会的一员，必须生活在社会群体之中，一个人要逐渐学会理解和关心别人，一旦主动爱别人的能力提高了，就会感到生活在充满爱的世界里。如果一个人有许多知心朋友，便可以取得更多的社会支持。更重要的是可以感受到充足的社会安全感、信任感和激励感，从而增强生活、学习和工作的信心和力量，最大限度地减少心理应激和心理危机感。

一个离群索居、孤芳自赏、生活在社会群体之外的人，是不可能心理健康的。随着核心家庭的增多，来自家庭的支持减少，因此走出家庭，扩大社会交往显得更有实际意义。

在工作中，应注意增加交往，多利用身边资源。经理可以多找下属聊天，同事之间也可多加了解，以便扩大社会交往范围。

2. 多找朋友倾诉，以疏泄郁闷情绪

生活和工作中难免会遇到令人不愉快和烦闷的事情，如果有好友听你诉说苦闷，那么压抑就可能得到缓解或减轻，失去平衡的心理就可能恢复

正常，并且得到来自朋友的情感支持和理解，获得新的思考，增强战胜困难的信心。

另外，还可向自然环境转移，郊游、爬山、游泳或在无人处高声叫喊、痛骂等。也可以积极参加各种活动，适当将自己的情感以艺术的手段表达出来。

3. 重视家庭生活，营造一个温馨和谐的家

家庭可以说是整个生活的基础，温暖和谐的家是家庭成员快乐的源泉，是事业成功的保证。在此环境下成长的孩子，有利于其人格的发展。如果夫妻不和、吵架，将会极大破坏家庭气氛，影响夫妻的感情及心理健康，而且也会极大地影响孩子的心灵。可以说不和谐的家庭经常制造心灵的不安与污染，对孩子的教育很不利。

理想的健康家庭模式，应该是所有成员都能轻松表达意见，相互讨论和协商，共同处理问题，相互供给情感上的支持，团结一致应付困难。每个人都应注重建立维持一个健全的家庭。社会可以说是个大家庭，一个人如果能很好地适应家庭中的人际关系，他就同样可以很好地在社会中生存。

控制了情绪就控制了一切

自然界中的花草树木都是随着气候的变化而变化的。而人们则常常需要为自己创造适合于自己生存的天气，要用自己内心中的阳光去照亮自己。

我们怎样创造适合自己生存的天气呢？情绪就是我们每个人的天气，

情绪的好与坏直接影响到我们生活的质量，因此，善于控制情绪的人总能左右自己的“天气”。

在一座航站楼里，由于天气不好，班机时间做了临时变动，许多人滞留在机场。

这时，一些人挤在柜台前乱成一团。有一个很高大的男人没有排队，拿着行李直接挤到柜台前，对柜台里的服务人员大声说：“我是头等舱的客人，一定要马上处理我的行李。”

服务人员拒绝了他，让他到后面去排队。此人很生气地说了一句：“你知道我是谁吗？”

服务人员还是没理他，只是对所有在排队的人说：“这个人不知道自己是谁，有谁可以告诉他吗？”

高大的男人满脸通红，竟然从嘴里迸出了一句很难听的脏话。

服务人员冷静地说：“无论怎样，你还是要到后面去排队！”

有的人被人骂后，自然会感到很气愤，必定会与之进行理论。但这位服务人员没有那么做，他能够有效管理自己的情绪，将可能引发的冲突事件平息于萌芽之中。

现代社会充满竞争，我们每天都要面对很多的人和事。人与人不一样，事与事也不一样，我们不可能像变色龙一样去适应所有变化。最佳的情绪管理，就是“以不变应万变”，以自己的平常心去应对不平常的环境，千万不能被纷繁复杂的人和事扰乱自己的情绪。

因此，只有善于控制自己的情绪，用平常的心去处理非常的问题，才能得到完美的结果。

那么，怎样才能有效进行情绪管理呢？

首先，我们不妨在自己的内心深处保留一块独立的空间，来进行合适的情绪调控，就像电脑中利用内存条来进行缓存的道理一样。

其次，做人要拿得起、放得下、看得开，如果你每天只是挣扎于个人的不利情绪中，被这种不利的情绪所困扰的话，那么你只会成为情绪的奴隶而无法自拔。因此，只有心平气和地对待生活中的一切变故，才能真正把握好自己的情绪。

弱者只会被情绪控制，强者则能控制情绪。控制好你的情绪，可以让自己每天都充满幸福与欢乐，真正成为生活中的强者。

做情绪的主人

你的情绪决定着你的工作状态。如果你早上起来就烦闷、沉沦，那么你一整天都不会有什么收获与进步；如果你早上就斗志昂扬，那么你这一天的工作也将会十分出色！情绪直接影响着人的心情，只有保持最佳的情绪状态，才能保证心灵的一片晴空。

美国著名的成功学家格兰特纳说过这样一句话："如果你有能力自己去系好鞋带，你就有上天摘星星的机会！"这句话说明了我们对待生活、工作的最基本态度。做任何事情，只有保持热情和积极的心态，才能有效控制自己的情绪，才会让自己精神百倍地去面对生活。

周一早上，莫然去上班。刚进办公室，她就感觉到气氛不对。她刚坐到自己的位子上，就被经理叫了过去："从今天开始你可以不用上班了。"经理坚定的表情，让她甚至没有机会问为什么，莫然就这样莫名其妙地被老板炒了鱿鱼。

从办公室里出来，莫然沿着马路一直走，不知不觉走到了市中心的公园。莫然一脸的黯然神伤，她觉得生活失去了色彩，变得黯淡无光。想着自己每天的努力都化成了泡影，人生价值没有得到体现，真不知以后的路该如何走下去。

当她不经意回头时，发现一个女孩一边吃冰激凌，一边看着她笑，搞得她不知所措。她轻轻地问："小妹妹你是在笑我吗？你笑什么呢？"

"哈哈，你靠着的这棵树，被公园里的叔叔刚刚涂上东西，我想看看一会儿你身上是不是会沾上。如果有，那该多有意思啊！"说完又是一脸的得意。

这个时候，莫然想到：往日那些尖酸刻薄的同事，现在也会像这个小女孩一样，在背后议论自己的失败和落魄。不能这样，丢了这份工作不是世界末日，自己要振作起来重新出发，比之前做得更好，这样才不会成为别人的笑话。垂头丧气只会让我丢掉志气和尊严！

莫然想到这里，指着远方对小女孩说："快看那边的天空，竟然出现了漂亮的彩虹！"

"在哪里？"小女孩转过身，等她发觉自己被骗而生气地转过头时，莫然已经把上衣脱下来拿在手里，身上穿的那件绿色T恤让她看起来神采飞扬。

工作中每天都会遇到不如意的事情。一件事情做不好，就可能受到老板的批评。同事之间的明争暗斗，家里琐事的牵绊都会让你的情绪受到干扰，工作效率势必会受到影响。这时一定要记住，情绪会拖累你的工作。事情已经发生了，切不可再因小失大。振作起来！新的生活就会在你身边。

心境变了，你的世界就变了

来看看一个职场人士的困惑：

最近真是超级郁闷，我在一家私人公司任职，在公司算是最底层的员工，来的时候是希望自己能够多学些东西，可是现在一事无成。虽然老板是很不错的人，但是我对几个同事很有意见，他们喜欢抱团儿，一致对外。而且，有些事情如果大家摊开来说，我不觉得自己怎么做错了，可是我一直没有这个机会。

因为职位低下的原因，我经常被别人呼来喝去，也就是谁都能把我给带走充当小工，这让我觉得自己的工作很卑微。

更让人难过的是，最近又和一个同事发生了一些冲突，这件事让我总是没法释怀。有时候想要辞职，但又没学到什么东西，内心真是无比的矛盾！

这位职场人士的困惑很有代表性，反映了一大部分职场中人的心声，一些看似很微小的不如意，都能在很大程度上影响他们的心境，心境变坏了，进而会让他们觉得所处的环境已经不再适合自己，这是一种很常见的负面思维，因为这些人不懂得自己的心境是由自己来决定的，而非外界的一切。而有了好心境，自然会有一个好的工作环境，这才是一种应当提倡的正面思维方式。常言说得好："境由心生。"这是说，开心还是不开心，完全掌握在自己手中。

曾有人问柏拉图："你的老师苏格拉底为什么总是那么快乐啊?"

柏拉图回答说：“决定心情的不是环境而是心境。”

苏格拉底年轻的时候，和朋友们住在一起，有人问他：“你为什么天天乐呵呵的？”他回答：“朋友们在一起，每天都可以交流思想、交流感情，这难道不是值得高兴的事吗？”

后来朋友们都成家了，剩下他一个人，那个人又问他：“你现在一个人，不感觉寂寞孤独吗？”

他说：“我有那么多的书籍，就像天天都有许多老师和我住在一起，我时刻可以向他们请教，难道不应该高兴吗？”

再后来苏格拉底结婚了，住在一座大楼的最底层，阴暗潮湿，楼上不时丢下很多垃圾，他还是那样的微笑和快乐，别人问他：“你住在那么差的环境里，怎么还是那么快乐呢？”他说：“进楼就是家，不用爬楼梯，还可以利用空地种菜、养花，是多么快乐的事啊！”

又过了一年，苏格拉底把一楼让给了一个瘫痪的人，自己搬到了七楼，人家看他依然快乐，就问他为什么？他快乐地回答：“住在七楼的好处很多，每天爬楼梯可以锻炼身体，光线又好，看书方便，还没有人会妨碍你，没有人在头顶上干扰，非常安静，难道不值得快乐吗？”

苏格拉底不愧是哲学大师，无论外界环境如何改变，他都能以积极的思维去面对自己的生活，始终能够保持一种好心情。

不是每一件事都能如我们所愿，但不论结果如何，都应采取一种正面的思维，让自己的心境保持平和宁静。只有当心境保持宁静时，才能使自己更清醒地认识自己的处境，明白自己该做什么，该如何去做。鲁迅先生在《纪念刘和珍君》中说过：“真的猛士，敢于直面惨淡的人生……”宋时范仲淹所说的“不以物喜，不以己悲”，这都算得上是一种潇洒与坦荡，一种对自我心境的控制。所以，无论遇到任何困难，都应保持心灵的宁静，让心境变得轻松，守住内心的那份执着，那么生活也会如阳光般灿烂。

好的心态决定了好的环境，当一个人拥有了好的心态时，周围的一切都会变得十分美好。那么，面对生活、工作中的诸多不如意，该如何去调整自己的心态呢？

第一，要善于控制个人情绪。每个人的情绪都不是一成不变的，人的情绪有时好，有时坏，有时波动如浪，有时平静如镜。因此，必须学会控制情绪，要做到能在最短的时间中，将不良情绪消灭在萌芽状态，使之不再扩展、蔓延。

第二，善于倾诉心中的不满情绪。倾诉，就是将自己的喜怒哀乐，尤其是怒和哀，毫无保留地倾吐给他人。这是一种情绪的排遣，也是一种心理调节术。人生在世，不如意事十有八九，难免会产生苦闷和烦恼。这些苦闷和烦恼如果长期郁积在心头，就会成为沉重的精神负担，损害身心健康。英国一位心理学家认为，积贮在心中的烦闷忧郁就像一种势能，若不及时加以释放，就会像定时炸弹一样，一旦触发即可酿成大祸。如果及时加以发泄或倾诉，便可少生病，保健康。

倾诉是释放不良情绪的行之有效的方式之一，也是摆脱恶劣心情的必要手段。倾诉的对象很多，既可以是足以信赖的同事、朋友和亲人，也可以是言无不尽的知己，还可以是素不相识的陌路人。

第三，要有容人的雅量。事实证明，在现代职场中，若能做到胸怀开阔，以信求实，以实求信，遇到的不愉快之事就会大大减少。

第四，走出心理自虐的误区。如果你总是把自己想成是全世界最倒霉的人，想象成是所在环境中的“窦娥”的话，那么你就会总有冤屈在心里。久而久之，你可能会有一种错觉，你就是全天下最悲惨的人。为什么不把自己想象成是幸运的人？这样你的心境就会好多了。

第五，掌握好处理人际关系的尺度。这不但能营造出和睦的氛围，有利于最佳心态的培养与稳固，而且容易处理好身边的事情。相对言之，对别人的缺点，除了自己应该警惕之外，应尽量把握好“揭短”的尺度——尤其是对那些缺乏涵养，且又心地狭隘、自高自傲的人，“揭短”的最好办法是在不知不觉中感化掉对方的敌意。

最有力量的十种正向情绪

潜能激励大师安东尼·罗宾指出人生中有10种正向情绪是我们十分需要的。

1. 爱与温情

任何负面的情绪在与爱接触后，就会如冰雪遇上了阳光，很容易消融。如果现在有人跟你发脾气，你只要始终对他施以爱心及温情，最终他会有所改变。

有句话说得好：“只要你有足够的爱心，就可以成为全世界最有影响力的人。”

2. 感恩

一切情绪之中最有威力的便是爱心，但它以不同的面貌呈现出来。感恩也是一种爱，因而安东尼·罗宾喜欢通过行动，生动表达出自己的感恩之情，同时也好好珍惜上天赐给他的、人们给予他的以及人生经历的一切。如果我们时常心存感恩，人生就会过得非常快乐。因此，请好好经营你的人生，让它充满芬芳。

3. 好奇心

如果你真心希望自己不断成长，那么就得拥有孩童般的好奇心。孩童是最懂得欣赏“神奇”的人了，因为那些神奇，能占据孩童的心灵。如果你不希望人生过得乏味，那就在生活中多带些好奇心；如果你有好奇心，那么便会发现生活中处处都有奥妙，你就能更好地发挥潜能。这是个环环相扣的过程，你有必要好好去研究。如果充分发挥你的好奇心，那么人生便是永无止境的学习过程，其中全是发现“神奇”的喜悦。

4. 振奋与热情

如果带着热情做事情，它就会变得多彩多姿，因为热情能把困难化为机会。热情具有伟大的力量，鼓舞我们以更快的节奏迈向人生的目标。19世纪英国著名首相狄斯累利曾说过这样的话：“一个人要想成为伟人，唯一的途径便是做任何事都得抱着热情。”

我们要怎样做才会有热情呢？要做到：讲话有力、看事情更长远、以坚定的决心去实现目标。千万不要浑浑噩噩地过日子，那样不仅过得很乏味，人生也必然贫瘠。

5. 毅力

你若想在这个世界上留下值得让人怀念的事迹，那就非得有毅力不可。毅力能够决定我们在面对困难、失败、诱惑时的态度。在困难面前是屹立不动还是倒下去了，会在于毅力的大小。如果你想减轻体重，如果你想重振事业，如果你想把任何事做到底，单单靠“一时的热情”是不成的，你一定得具备毅力，它是你产生行动的动力源头，能帮你实现任何想追求的目标。具备毅力的人，他的行动必然前后一致，不达目标绝不罢休。

安东尼·罗宾认为，只要你有毅力，就能够做成任何大事；反之，缺了毅力，你就注定失望和失败。一个人之所以敢于冒险去做任何事情，凭的就是他们的勇气，而勇气则源于毅力。一个人做事时是勇往直前还是半途而废，就看他们是否具有毅力。

但是，埋头硬干不表示有毅力，要能干出实效，并在发现做得不对时，不失时机地改变自己的做法。

6. 弹性

要想所做的事能够成功，保持弹性的做事方法绝不可少。选择弹性的做事方法，其实也就是要选择快乐。每个人在人生中，都必然会遇到诸多无法控制的事情，然而只要你的想法、行动能保持弹性，那么人生就能永保成功，生活也就会过得快乐。芦苇就是能弯下身，所以才能在狂风肆虐下生存。

7. 信心

坚定的信心是我们每个人所向往的，如果你想一直都有信心，那么你一定要在心里建立起牢不可破的信念。你得从此刻便开始学习想象并感受那份信心，相信自己一定会取得信心，但这不能只靠做白日梦，希望未来有一天它会平白地冒出来。当你有信心时，就要敢于去尝试、敢于去冒险。

要想永葆信心，有个办法，那就是不断练习去使用它。如果有人问你是否有信心能把鞋带系好？相信你会以十足的信心回答没问题，为什么你敢说得那么肯定？只因为你做过这件事情已经成千上万次了。同样的道理，如果你能不断地从各方面练习自己的信心，迟早有一天你会发现，不知何时，信心已经具备了。

要想使自己能做各种事情，你一定得去训练你的信心，千万不要害怕。可惜的是，有许多人就是因为害怕而不敢去做，甚至根本还没做就已经退缩了。许多成大事、立大业的人，他们成功的根本原因就在于所拥有的信心，想想看，在他们之前可能还没任何可以借鉴的例子呢。他们靠信心，推动着自己不断进步。

8. 快乐

要想快乐，并不是说要你不去面对困难，而是要你知道如何保持快乐的心情，这样就有可能改变你所面对的困难。只要你脸上能常带笑容，就不会有太多的困难难倒你。

9. 服务

某天午夜时分，安东尼·罗宾驾车在高速公路上飞驰，心中想着："我得怎样做才能改变人生?"突然有个意念闪过脑际，罗宾如大梦初醒，兴奋得难以自持，随即把车开下交通道并停在路边，在笔记本上写下了这句话："生活的秘诀就在于给予。"

作为这个社会的一分子，如果我们所说的话或所做的事，不仅能丰富自己的人生，同时还可以帮助别人，那是再令人兴奋不过的事了。我们常常会被那些为了追求人生最高价值的人的故事所感动，他们无条件地去关心人们，带给人们极大的帮助。我们也应该每天好好省思，到底能为别人做些什么事，别只想自己能从别人那里得到什么好处。

一个能够独善其身并兼善天下的人，必然是因为他明白人生的意义不是金钱、名誉、夸奖所能比的。拥有为他人服务精神的人是高尚的，如果人人都效法，这个世界定然会比今天更美好。

10. 活力

如果你不能好好照顾自己的身体，那就很难享受到拥有活力的快乐。你要经常注意自己是否活力充沛，因为一切情绪都来自你的身体，如果你觉得有些情绪反常，那就赶紧检查一下身体吧。你的呼吸怎样？当我们觉得压力很重时，呼吸就会很不顺畅，这样就会慢慢把活力耗竭掉。如果你希望有个健康的身体，那就得好好学习正确的呼吸方法。

另外一个保持活力的方法，就是要让身体有足够的精力。怎样才能做到这一点呢？我们都知道每天的活动都会消耗掉我们的精力，因而我们要适度休息，以补充失去的精力。请问你一天睡几个小时呢？如果你每天一般都得睡上 8 ~ 10 小时的话，很可能就有些多了，调查发现，大部分人一天睡 6 ~ 7 小时就足够了。还有一个跟大家看法相反的发现，就是静坐并不能保存精力，这也就是为什么坐着也会觉得疲倦的原因。要想有精力，我们就必须“动”才行。研究发现，我们越是运动就越能产生精力，因为这样才能使大量的氧气进入身体，使所有的器官都活动起来。唯有身体健康才能产生活力，有活力才能让我们应付生活中各种问题。由此可知，我们一定得好好保持活力，这样才能控制生活里的各种情绪。

当你充满活力的时候，你就可以更多地为他人服务，便可以让更多的人得到快乐。

培养正向情绪的方法

消极情绪会给身心健康带来严重的不良影响，也会给个人的学习、工作、生活等造成严重的损失，保持健康的情绪非常重要。那么应该如何做才能拥有正向情绪呢？

1. 培养幽默感

幽默感常常可以使一个原来比较紧张的气氛变得轻松。研究发现，在问题面前，那些经常运用幽默应对的人，健康问题相对较少；而那些经常运用哭喊应对的人，健康问题就比较多。

2. 增加愉快的生活体验

我们要设法增加生活的情趣，增加愉快的生活体验。这样，即使偶尔遇到不愉快的事情，也不至于发生过于强烈的情绪反应。研究发现，增加令人愉快的体验，可以有效减弱消极情绪，从而提高 A 型免疫球蛋白，提高免疫反应水平。

3. 使情绪获得适当表现的机会

人都有“七情六欲”，情绪是生活的组成部分。对起伏的情绪不必也不能一概予以抑制，而应选择适当的方式，如运动、旅游、倾诉等，给情绪适当的宣泄机会。研究发现，有机会倾吐自己的痛苦并得到他人的劝慰能极大地改善健康，增强免疫系统的活力。

4. 学习从光明的一面去观察事物

很多从表面看是令人生气或悲伤的事情，如果换一个角度，以另外一种眼光去看，常可发现一些正面的、具有积极意义的东西。

5. 要有自己的事业和追求

人生没有追求，就会失去前进的方向，在学习和工作中无所适从，整个人也会很消极。有了自己的事业和追求，并积极地为之奋斗，就会体验到一种发自内心的满足，进而产生积极的情绪。

6. 积极参与社会交往

保持积极情绪和身心健康的最佳途径，就是积极参与社会活动，多与人交往，为社会贡献力量的同时体现自我价值。研究证明，社会交往能使人产生积极的情绪体验，积极的情绪体验又会使人们更积极地与人交往，更好地适应环境与应对突发事件，从而形成一个良性循环。

7. 对问题当机立断

犹豫不决会引起不良情绪，损害身心健康。不要太追求完美，宁可偶尔出些小错，也不要为一些小问题左思右想。

8. 珍惜时光

有许多人生活在期望中，总是着眼于未来，而忽视了自己眼前的大好时光。只有善于利用眼前的宝贵时光，才可确保充实的生活和饱满的情绪。

情绪疗法四部曲：隐形疗愈、呈现真相、重建架构、心的链接

1. 隐形疗愈

在对不良情绪的治疗过程中，有一种特别的疗愈技巧，它往往在潜移默化中帮助来访者认识问题的本质，与此同时为来访者植入更多的积极信念，

从而帮助他感到充实、温暖，具有力量。这种治疗被称为隐形疗愈，它可以让每个心理存在问题的人在不知不觉中得到解脱，并开始新的生活。

隐形疗愈法看似很神奇，但并不难理解，因为构成隐形疗愈效果的过程只有三部，即：呈现真相、重建架构、心的链接。这三步环环相扣，当人的内心重新被建构并链接时，人的内心也就呈现了一个新的面貌，从而彻底走出了原来的障碍与不满。

2. 呈现真相

负面情绪有时候并不是因为外界的影响，而是你内心的认知不够，你不敢面对自己的负面情绪的根源，也就没有了根除它的方法，只能任由负面情绪发酵滋长。我们说不是外面没有阳光，而是你忘记了打开窗户，如果我们每个人都能让真相呈现在眼前，将负面情绪的根源挖出来，那阳光就会照进你的心里，从而消除不良情绪的漫延。

所以，让造成负面情绪的真相呈现非常有必要。疗愈师面对一个来访者的时候，总是会想方设法，帮助对方打开心灵，挖掘问题的真相所在。只不过，疗愈师不会赤裸裸地将真相摆在你面前，那样来访者的接受心理会受到考验。但如果根据来访者不同的认知角度，从不同的时间、空间着手进行处理，将来访者内心的障碍一点一点地打开，直到对方完全看清自我内心的问题时，也就自然可以很容易接受并认真去了解、面对了。

其实，让真相呈现并不可怕，可怕的是你打开的方法不正确。我们想要解决自己的内心问题也是如此，当我们没有办法面对事情的真相的时候，不妨换个角度，用一种可以接受的方法来面对问题。而且，当我们变化了面对问题的角度时，对于之前所不清楚的点也可以得到全新认知。这种过程更有利于我们消除心理上的障碍。可见，真相的呈现有着非常重要的意义，想要解决问题，就必须将其挖掘出来。只不过对挖掘的方法，要有一定的心理承受能力。疗愈师便是采用对来访者的问题一层一层轻轻剥开的方法，最终令真相呈现，为来访者的承受奠定了基础，为解决问题打下了良好的基础。

3. 重建架构

当来访者认知了自我障碍的真相，并找到了原因，下一步就要进行积极的自我调理。这就是一个自我内心重建的过程。生命就是这样，我们为它设定了路线，它就会沿着这条路线一直走下去。我们如果可以在内心为自己设定一个充满阳光、满怀期待的情绪架构，同样可以让自己抵制负面情绪的侵扰。

首先，在真相面前我们要做的就是对自我信念价值体系进行梳理，哪些是对的，哪些是有问题的，我应该如何摆正它们在我心中的位置，并很好地驾驭它。这些都很重要，它能让我们在日后的处事、为人过程中，得到良好帮助。而因为正确理解了这些信念价值体系，自然也就知道了内心所形成的障碍的原因，并有效对其进行清除，不再形成新的障碍。

与此同时，我们认真确认自我信念价值体系的时候，疗愈师会将正面的、阳光的、积极向上的思想、认知潜移默化地灌输到我们的思想中来。这是一次学习、接受并改变的过程，这种过程往往非常细致而全面，虽然我们并看不到它全部的形态，可它在我们心里装下的却都是有利于我们身心发展的因素。这就如同我们对从前的问题认识清楚了，心理的障碍也就得到了化解一般，细而无声，但很有效。这种过程就是内心自我信念价值体系的全新架构，它阳光、向上、积极而且有利于日后的生活与发展。

4. 心的链接

对于心理有障碍的人来说，内心的温暖始终是处于缺乏状态的，因为所受关爱不足、温暖不够，所以才会关闭心门，为自己制造出一道又一道的障碍。面对这种问题，温暖是最好的良药，关爱便是全部的药方。疗愈师不会错过为来访者下一道温暖内心的爱之良药，这让来访者更容易接受，并将内心的不满、伤害以及心结全部释放。当疗愈师站在来访者的角度，用心、用爱去体会、去感受来访者心情的时候，便在无形中给了来访者满满的、暖暖的温情。

这就是一种心与心之间的链接，不管是疗愈师与病人，还是日常中的所有人，包括家人、亲戚、朋友、陌生人。有了这种心与心之间的链接之后，那种心灵的温暖便会无处不在，而这可以让我们每个人心力加强，让内心充满能量。

可见，面对心理问题，用理智、智慧、达观的方式，去全面、合理认知并调节，才能达到真正治愈的效果。不仅如此，生活中遇到的任何问题都可以用这种方式去面对、去解决，从而轻松改善自身的境遇。

处理焦虑情绪的四大步骤

焦虑是这个时代最为显著的情绪之一。有工作的为着业绩、升职而焦虑；没工作的为着面试、寻找而焦虑……可以这样说，一个人从少年到中年，再到老年，无时不被焦虑情绪所困扰。这种焦虑令生活感觉不到阳光，让内心感知不到快乐。焦虑的存在，是对每个人的伤害，而改变的唯一方法，便是将它处理掉。那么，我们如何来处理焦虑的情绪呢？很简单，做到以下四步，你就可以将焦虑情绪赶走。

1. 面对令人焦虑的事写下最坏的结果

我们在面对焦虑问题的时候，总是因为想不出问题的结果而让焦虑更加严重。这是一种担心的表现，比如一个心里总想着会失业的员工，就会时时刻刻都害怕被辞退，一举手一投足都会与被辞退扯上关系。因为他不敢想象被辞退之后，自己所面临的会是什么后果。这种只注重问题本身而不去关注后果的想法，让他没有办法走出焦虑，而且越回避，焦虑越严重。但如果能坦然面对焦虑的问题，写下它将迎来的后果，这样就可以转移焦虑事件，减轻焦虑情绪。

所以，当我们自己处于焦虑情绪之中的时候，一定要冷静下来，然后对所焦虑的事情，想一下它最坏的结果，将其写在纸上。不要害怕结果有多坏，而应该是有多坏想多坏，哪怕是它不一定会发生。当写下这些坏的结果之后，你就会发现我们所面对的无非就是一个后果，远没有那么多需要在意的问题。就比如前面所说的那个害怕失业的员工，他因为不敢想象被辞退的后果，所以就会每天将所经历的事情都与失业这件事联系到一起，从而忘了去想失业真正会产生的后果。但如果将被辞退视为一种最坏的结果，并正确面对的话，那么这名员工会怎么样呢？恐怕就不再苦苦追着被辞退这件事而纠结了。

2. 写出能避免最坏结果发生的三件事

处于焦虑情绪之中的人，想到了最坏的结果之后，最直接的反应自然是如何去面对这种结果。不过，对于焦虑的人来说，常会想法多、变化快、闪烁不定、无法定义自己的行为。这时，你要做的就是问一下自己，如果做三件事可以避免最坏结果的发生，那么这三件事应该是什么呢？

这时记得一定要将这三件事一一写在纸上，并且要写得具体而详细。让自己看到做这三件事的意义，就在于它能转移焦虑的情绪。因为一个人心中有方向，有目标，那么焦虑会在行动中被淡化。其实很多人都是这样，当不知所措的时候才会焦虑不已，相反有了目标之后，反而不用去担心，不用想太多了。这就是正面迎击焦虑的有效方法，它可以让人感到安宁，也可以帮助人们转移焦虑情绪。

3. 面对最坏的结果，应该如何做

可能，有些人会认为，不管我做多少件事，那最坏的结果都在所难免。既然如此，我们何不停止焦虑，停止害怕，而去想想这个最坏的结果发生之后，我们要如何来面对呢？有句话叫作“不破不立”，当一件事已经到了无法挽回，或者不可改变的时候，那么最好的方法就是让它发生，然后用全部心智去面对后果，从而继续后面的生活。

这就是我们要做的第三步，当我们不能阻止最坏的结果发生时，我们就应该及时停止徒劳的行动，并同时放弃为之日思夜想的担忧。这些做法与想法，只会让人更加焦虑，反而是放下焦虑，去想一想应对最坏结果的方法更有益。这种单一的，直接的面对，可以让人变得平静。比如前面我们所讲的那名员工，如果经过努力之后，他依旧被辞退了，那么与其在焦虑中痛苦、挣扎，反而不如坐下来想想如何面对辞退之后的结果：找新的工作，学习充电，自己发展，等等。总之你要给自己三个或者更多的答案，将它们写在纸上，看着答案好好思考。这也许不是最好的方法，但却可以让你勇敢地面对最坏结果的发生，知道如何应对，它能让问题本身变得清晰明了起来。如此，你就没有了之前的担忧、害怕，焦虑也将变淡。

4. 立刻去着手处理想到的事情

当最坏的结果发生，当焦虑根源找到，那么这时我们所要做的就是清

除它。清除焦虑或许做起来并不容易，但至少会让它逐渐减少，直到最终变得找不到。这是一个渐变的过程，不能操之过急。

通常，面对最坏结果的时候，我们就要将可以改变最坏结果的三件事，与应对最坏结果的三件事结合起来。因为这六件事其实就是为一个最坏的结果而诞生的答案。如果我们能认真面对这六件事，并将其当成解决最坏结果的事情来进行，那么也就没有时间去焦虑，或者说不用顾虑自己该如何正常生活了。这很容易理解，我们有了充分的思考，有了清晰的目标，知道了如何面对与解决问题，那么还有什么可焦虑的呢？

所以，以上四步，虽然看似复杂了些，其实就是让你一步一步从焦虑中认清自己，看清现实，从而在繁乱中找到头绪，在不安中找到目标。这样焦虑自然而然地就被淡化，直至最后完全消失不见了。

解除心锚，走出死循环

心理学中有一个词叫作心锚效应，何为心锚效应？就是当我们面对事物时，不由自主地产生的特别感受。比如，有人一说工作就感觉疲惫；有人一说零食就觉得会长胖……这种不管是好的感受还是坏的感受，都是心锚所产生的反应。很多人难以逃离的那些不想面对的局面或者状态，则被称为负面心锚。当你被赋予了这种负面心锚的时候，就一定要想办法解除，否则，你的人生终将毁于负面心锚当中。

那么，解除负面心锚的方法是什么呢？依据心理学的研究，人们已经发现了多种不同的方法。我认为，古人所说的“心病还需心药医”是非常合理的治疗手段，因此，我们面对自己的问题，就应该自己来解除它，这样最有意义也最积极。在这里，我就教大家一个自我解除心锚的方法。在看的过程中，大家不妨跟着一起做，看它是不是能让你快速摆脱负面心锚所带来的负面效应。

第一步：我们假设进入自己的房间，关上门，只留下自己（生活中则可以选择一个宁静的地方），然后准备开始寻找自己不愿面对的负面心锚；我们暂将这些不适反应称为 B 状态。

第二步：面对 B 状态，在自己心里寻找三种可以应对它的状态，比如有勇气、有自信、有力量等。我们依次为它们命名：G1 状态、G2 状态、G3 状态。通常来说，在选择自己能应对 B 状态的状态时，标准越高越好，因为越高的标准就意味着能更有力地打败 B 状态。

第三步：打坐，放松。在自己身上找出四个准备进行刺激的部位，以伸手可及的部位最为理想。第一个刺激点与 B 状态心锚相对应，然后慢慢进入状态，不需要太深刻，只要能刺激到它就可以。

第四步：稍停留一会儿，然后活动一下身体，将这种刺激状态打破。接着将 G1 状态对应第二刺激点、G2 状态对应第三刺激点、G3 状态对应第四刺激点，依次进行刺激；一般随着刺激的深入，需要打破的时间也要延长。

第五步：当所有的状态都被刺激完毕之后，可以看感觉的变化，如果觉得刺激不足，还可以进行 G1、G2、G3 的重复刺激，以让心锚彻底消除。然后将这种状态打破，回到单一情绪的状态中来。

第六步：对第一个刺激点，依次用 G1、G2、G3 三个状态进行如 B 状态一样的刺激，时间不要太长，如同刺激 B 状态一样就可以了。

第七步：这时，你的四个刺激点都会产生停止对 B 状态停止刺激时的感受，你应该同时增强想象，想自己所处的境遇与 B 状态此时的境遇相似；然后考虑 B 状态面对这个境遇时会怎么样，这是一种诱导的行为，它可以调整你改变自己对于外物不能接受的心锚。

第八步：解除心锚的过程往往会让自己产生混乱，这时就要给自己一点儿时间，进行整理，当你发现自己可以成功运用诱导进行处理问题时，解除心锚法便可以停止了。

第九步：一般做一次很难达到效果，因此，有必要反复进行几次；然后打破解除感受，看看自己的情绪变化是不是具有多样性，如果是便说明成功了。

第十步：将生活中不同的心锚，用这样的方法一一进行解除，一次不行就用两次，直到你可以控制自己的情绪，那你的心锚也就自然不会再侵扰你的情绪，你就可以走出痛苦了。

其实，心锚的解除与建立都是很简单的，主要在于你是不是有信心、有定力去面对、去进行。有些人因为熟悉了心锚的解除与建立，就可以在不同的场合，不管多少人在场的情况下进行自我心锚的解除与建立，从而达到自己想要的效果。看看那些喜剧演员，他们就是建立、解除心锚的高手，知道怎么将观众带入到欢乐、感动、大笑的氛围中去，也知道如何让自己从舞台上的角色中走出来。可见，所谓心锚，我们可以认为它是任由人摆布的一种情绪，要它怎么样，完全由你说了算。如此，你为什么还要为自己种下痛苦不能自拔的心锚，而一心一意的煎熬自己呢？

第八章
自我觉察：全方位修炼、提升自己

人的情绪，是随着人的心情而改变的，当你遇到不公平、不美好的事情的时候，就难免会产生负面想法。这时，你所要做的就是自我觉察，为负面情绪做疏通。因为它就如同河流偏离了主干道，若要其回到主干道就要堵住其偏离的方向，在这上面下功夫，找得准是第一步，堵得上是第二步，不复发是第三步，考验的功力各不同。

向内觉察，自我管理，自我觉醒

对于我们来说，负面情绪的调节与控制，建立在自我觉察、自我管理、自我觉醒的基础之上。因为一个人只有能够自我觉察，才会发现情绪所引发的问题，从而进行自我管理，在负面情绪中觉醒，以便掌控负面情绪。

1. 向内觉察

很多人不太明白，什么是向内觉察？这对于心理咨询师来说，是必修的基本功，如果他不能很好地达成向内觉察的能力，就没有办法体会来访者内心的感受，也没有办法面对他们的感受进行调节。所以，这种向内觉察是一种发现自我情绪并解除自我痛苦的重要步骤。我们可以通过向内觉察，来探究自我世界的痛苦根源。

在心理学试验中有一个非常著名的试验，叫作感受死亡，就是让学生躺到棺材里去感受死亡应该是一种什么状态。很多人会在感受过死亡的黑暗与沉重之后，便立刻达到心情豁然开朗的效果。这就是向内觉察所赋予人们的对比感知，以及接受、调节本能。所以，向内觉察是非常好的控制情绪的方法。那么，我们要怎么做才能够向内觉察呢？有一个最简单的方法，那就是静坐数息。所谓静坐数息，就是通过打坐，从内心向外投射身体的喜、怒、哀、乐。一个人只有真正静下来，才能感觉到这些。只不过，静坐数息不是一蹴而就的向内觉察方法，它需要我们长期的积累和沉淀。

静坐时，我们可以先找一个相对安静的地方，不受外人的打扰。然后我们保持均匀、细致的呼吸，让气体由鼻孔吸入，然后慢慢下沉丹田，接着从口中慢慢吐出。如此进行三次呼吸调整之后，开始慢慢数息，但不要发出声音来，在心里，一心一意地去数，从一到十，一口气数到底，不要太快也不要太慢，数字之间的时间停顿相同，然后再从十向一数，来回进行出与入的数法。如果在中途数错了，则说明你的意念外行，内心没有宁静。所以，这个方法最锻炼人的思维集中力。

2. 自我管理

向内觉察只是管理情绪的第一步，后面则要进行自我意识上的真正管理。管理情绪的方法很多，可以分不同的方式进行。但就所有的方法来说，既适合个人，又适合自我进行的才是最好的。美国的心理学家就有一个通过数颜色进行情绪管理的方法。它的操作相对简单，但可从内到外，让人缓解情绪上的焦虑与不安。

首先，当我们被负面情绪包围，又找不到出口，面临着爆发或者崩溃的时候，便可以将手里的工作停下来，找一个相对安静的空间。

接着，或站或坐，视当时场所而定。然后我们环看四周，开始对自己说话：墙壁是白色的，桌子是浅黄色的（一般可视你自己看到的颜色而定，没有特别要求），这样从墙面一直数到地面，包括你戴的饰品，通常从第一种数到第十二种就可以了。

最后，数完它们，不要立刻离开，待在原地保持当时数颜色的心情。停留 30 ~ 60 秒，如果感觉不够稳定，则可以再数一次。

这种方法对制怒效果最好，对于其他负面情绪也一样有效，因为它可以把我们的注意力转移到内心感受上去，同时强迫自己移动视线。一般人这样数过之后，都会变得冷静、理智很多，再分析起问题来自然也就可以平和应对了。

3. 自我觉醒

自我觉醒是一种简单的自我沟通过程。在这个过程中可以让自己身兼两个角色，一个为分析师，另一个为本我，从而来了解、理解、面对情绪上的问题。佛家之所以用打坐静修来参禅，其实在很大意义上就是通过静坐来实现自我沟通、自我内观的效果。

想要达到自我觉醒的境界，一般可以这样进行，坐在自己的房间里，或者是一个安静的地方，然后自己向自己提问，再自己回答，比如当你产生对他人的嫉妒，而内心不平衡时，就可以这样问："我在害怕什么吗?我曾经失去过什么?"这样反复地问自己，得到答案后再告诉自己："这些也是我可以拥有的!"同样反复进行几次。因为当一个人对他人产生嫉妒时，就是看到了自己的不足，所以心里感觉到不安与害怕。当你这样反复问自己，并回答自己的时候，那些不安便自动清理掉了。与此同时，你会带给自己能量，让自己明白，别人拥有的你也可以拥有，而且你还会拥有更多。

通常，面对不同的情绪，都可以在内心找到其根源。这种过程就像做梦一样，当你从梦中醒来，有时候会把梦幻当成真了。不过，自我觉醒的过程对自己的要求较高，因为梦境会消失，人的心理会有清醒过来的过程，这时必须要有一种自悟的能力，用内观的心来面对自己，在心里种下新的情绪种子。

改变自己来适应环境

这个世界上，大多数人都试图去改变周围的环境，却罕有人想改变自己。也正因为如此，世上才多了很多失意者。殊不知，只有通过改变自己去适应环境，才能做到“遇顺境，处之淡然；遇逆境，处之泰然。”

任何试图去改变周围环境的行为都是徒劳的，只有改变自己，让自己去适应环境才是一条正道。

物竞天择，适者生存。恐龙曾经是地球上的霸主，它们凭借着庞大的身躯、强悍的体魄而横行整个地球，然而当周围的环境出现急剧变化时，它们却不能够及时去调整自身，无法适应环境的变化，最终被环境所淘汰，走向了灭绝，辉煌一时的恐龙时代也由此而走向终结。

变色龙（也叫蜥蜴）是爬行动物中的一种，它们以超常的适应能力见长，当变色龙在遇到强敌或受到威胁时，它们甚至能够做到断尾自救，从而顺利逃生。另外，当周围环境中光线、温度、湿度等条件发生变化时，变色龙的皮肤颜色也会随之发生变化，也正因为如此它们才被称为“变色龙”。变色龙正是凭借这种变色能力，能够很好地去保护自己、躲避天敌的危害。

变色龙是一种温驯的动物，然而它们却能够生存于地球的各个角落——无论是寸草不生的险峰，还是干旱无比的沙漠，都留下了它们悠然行走的踪影。可以说，能够随着环境的变化而变化是变色龙得以坚强生存的一个重要法宝。

我们也需要具备变色龙般的适应能力，面对形式多变、复杂多样的环境，唯有像变色龙一样，随时随地地去学会适应环境，才能更好地生活。不应不自量力地去妄图改变环境，改变自己才是一种明智而切实可行的选择。否则，你的人生将会在无奈与失意中度过，将会与成功和快乐无缘。因为，改变环境对绝大多数人而言无异于天方夜谭，痴人说梦。

著名巨星高仓健，他本不是演员，当演员并不是他最称心的选择，可他最后还是成为了国际明星。最初，他为了生计不得不走进演艺界当演员，但他无时无刻不想着有朝一日逃离这个不利于自己发展的环境。正是因为他的这种想法，不仅仅让他赚不到钱，而且还面临着“下岗”的危机。为了生计，朋友告诉他努力去适应这个环境，要想让环境因你而改变是不可能的。后来，他试着改变自己，让自己的一切都融入到整个演艺界大环境中去，最后，他就像一只湖里的鱼适应了大海的环境，演艺界由他自由地畅游。

面对转瞬即逝的机遇，唯有像变色龙一样，随时随地地随着环境的变化而改变自己，才能迅速地适应它，才能和宝贵的机会亲密接触。

1985 年，吴士宏还在一家街道开办的小医院做护士，不甘平庸的她偶然看到了一则 IBM（中国）公司的招聘信息，于是当即拿处方纸当信纸，写了求职申请。

不久后她接到对方的面试通知，先是参加英语笔试，她顺利通过了。接着又是英语口试，口语对她来说几乎是一个不可逾越的障碍。怎么办？吴士宏想了想，放弃不是自己的性格，只能创造条件，改变自己，即刻去练口语，以便顺应招聘方的要求。

为了学口语，吴士宏报了个口语班，但是一周之后，IBM 却突然通知她去复试，而此时她的口语仍然不过关。面对这种情况，吴士宏大胆接受了挑战。为了强化口语，在复试之前的短暂时间内，她应聘了一个兼职导游，带着一个来自美国西雅图的高中合唱团上路了。白天，她带着这些游客去北京的各大旅游景点，将这些游客作为自己练口语的陪练，在当导游的三天时间里，她同时也疯狂练了三天口语，并一举通过了口语测试。

通过口试后，最后，考官又问她会不会打字，这把她吓了一大跳。要知道，在此之前，她从没见过打字机，这时，灵活的吴士宏看了看屋里，发现没有像打字机的东西，便知道当天不考。于是就说会，因为吴士宏知道自己能够去应对这些新要求与新情况。

回去后，吴士宏立刻又借了200块钱买了台打字机开始疯狂练习，一度练到手都拿不住筷子，这样功夫不负有心人，很快她便掌握了专业的打字技术。后来，吴士宏终于被IBM录取了。

吴士宏在面对应聘过程中的一个又一个的新情况与新挑战时，她没有退缩，而是充分发挥“有条件要上，没有条件创造条件也要上”的精神，努力去适应、去改变自己，想方设法满足对方的要求，最终她成功了。

根据周围环境的变化改变自己，而不是妄图去改变环境，是一种处世哲学，它能让你一步步走向成功和快乐。

在竞争越来越激烈的当今社会，不能够迅速改变自我去适应环境已经成了个人素质中的一块短板，这也是没有竞争力的一种表现。相反，善于改变自己去适应环境却是一种能力的象征，具备这种能力的人，才能具备较强的竞争力。

跌到低谷后的反弹力

王石提到一个观点：“衡量一个人成功的标准不是他事业的顶峰，而是此人从顶峰跌到低谷之后的反弹能力。”人生难免会出现一些低点，如果你个性积极向上，这正是显示你水平的时候。

曹操在濮阳中了吕布的计后，手臂须发都被烧伤，险些丧命。突出重围后，部将前来问候，没想到曹操不仅没有丝毫的惊恐狼狈，反而仰面大笑道：“误中诡计，我一定要报此仇。”后来，曹操将计就计，谎称自己火伤身亡，埋下伏兵，引诱吕布再次来犯，结果，吕布被打得落荒而逃。

建安十三年冬，曹操兵败赤壁，损兵八十万，在逃亡的路上，曹操仍然笑颜常在。先是在地势险峻的乌林，曹操仰天大笑不止，众将不解，问其缘故，曹操道："不是笑别人，是笑诸葛亮无谋，周瑜少智。若是我用兵，定会先在此处设下一支伏兵，那样我们就只有束手就擒了！"结果，话未说完，赵子龙追来，曹操赶忙仓皇逃命，又前行一段后，曹操再次仰天大笑。众将再问，曹操答曰："我笑诸葛、周瑜毕竟智谋不足。如果是我用兵，在此也会埋伏一干兵马，以逸待劳，我等纵得逃命，也不免重伤矣，彼见不到此，我是以笑之。"

正说话间，喊杀声四起，只见山口张翼德率人前来阻杀，经过一阵厮杀，终于逃到华容道上，曹操第三次仰天长笑。众将皆惑，曹操说："刘备并不见得高明多少，他若在此埋伏兵等候，我等自然无法全身而退。"过了一会儿，刘备派的人果然赶来放火，只不过这时曹操已经远遁而去。

好一个曹操！面对如此惨败，却还能笑得出来，试问天底下有几人能在面对如此极端局面时还能这样豁达。曹操的笑，显然是对失败的不服气，他还能够笑出来，意味着自己有朝一日还要重整旗鼓，卷土重来。

20世纪最伟大的成功学大师拿破仑·希尔在他总结的十七条成功法则中，有一条就是"笑对失败"。拿破仑·希尔深信，"失败"是大自然对人类的严格考验，它借此淬炼掉人们心中的残渣，使人类这块"金属"因此而变得更加纯净。他还忠告人们："命运之轮在不断地旋转，如果它今天带给我们的是悲哀，明天它将为我们带来喜悦。"

通常，在挫败面前，人们会有三种态度：

其一，遭受了失败的打击，从此一蹶不振；

其二，遭受失败的打击，不懂得去反省自己，总结经验，但凭一腔热血，勇往直前；

其三，遭受失败的打击后，能够审时度势，及时调整自我，在时机与实力兼备的情况下再度出击，卷土重来。

无疑曹操是第三种人，他相信自己的失败只是一时的，绝不是永久的，只要自己信心犹在，适时调整策略，定能反败为胜，这就是强者在面对失败时的思考方式。

爱迪生在经过14000多次实验后发明了电灯，当记者问爱迪生对一万多次失败有何感想时，爱迪生这样回答："我不是失败了一万多次，而是发现了一万多种行不通的方法而已。"在爱迪生的字典里，根本没有"失败"这两个字的存在。在他的眼里，曾经的失败，只是证明了一种道路不可行，仅此而已，它们完全不足以成为阻挡他继续前进的障碍。

1989年，史玉柱研究生毕业后选择了下海，凭借在深圳研究开发的M6401桌面中文电脑软件，掘得了第一桶金。1992年，史玉柱成立巨人高科技集团，注册资金1.19亿元，位列《福布斯》中国大陆富豪榜第8位。

1994年年初，巨人集团名下的巨人大厦动土。这座最初计划建18层的大厦，在众人的热捧和领导的鼓励中被不断加高，从18层到38层、54层、64层，最后升为70层，号称当时中国第一高楼，投资也从2亿元增加到12亿元。史玉柱基本上以集资和卖楼花的方式筹款，集资超过1亿元。

同样是1994年，史玉柱发现，计算机发展日新月异，汉卡早已失去了存在的必要，如果继续从事软件，扛不过猖獗的盗版，于是他把一部分注意力转向了保健品，脑黄金项目开始起步。

1995 年，巨人发动“三大战役”，把 12 种保健品、10 种药品、10 几款软件一起推向市场，投放广告花了 1 亿元。

1996 年巨人大厦资金告急，史玉柱决定将保健品方面的全部资金调往巨人大厦，保健品业务因资金“抽血”过量，再加上管理不善，迅速盛极而衰。巨人集团危机四伏。

1997 年年初，巨人大厦未按期完工，国内购楼花者天天上门要求退款。媒体“地毯式”报道巨人财务危机。不久，只建至地面三层的巨人大厦停工。巨人集团名存实亡，但一直未破产。

尽管巨人集团已经名存实亡，但史玉柱并没有因此而认输，更没有放弃东山再起的念头。

1998 年，史玉柱向朋友借了 50 万元，开始运作脑白金。这一次，史玉柱总结了以前的失败教训，更关注消费者的需求，他自称：“自从‘三大战役’失败后，我就养成一个习惯，谁消费我的产品，我就要把他研究透。一天不研究透，我就痛苦一天。”终于，功夫不负有心人，通过脑白金，史玉柱成功地起死回生，并逐渐还清了以前欠下的巨额债务。

2004 年 11 月，史玉柱又注册了征途公司，用来运作网络游戏，同样获得了巨大的成功。

所谓的失败，就是暂时的耽误，暂时的挫折，或者说是暂时走了弯路。如果我们能从失败中吸取教训的话，那么这失败就有其价值，因为几乎所有的成功都经历过失败，失败对于我们来说，是一种更明智的开始，它会为我们下一步的行动指明方向。

必须要自信

苏格拉底说：“一个人是否有成就只有看他是否具有自尊心和自信心两个条件。”是啊，人活着，理应具备那种“仰天大笑出门去，我辈岂是蓬蒿人”般的自信与气势，唯有如此，才能使自己容光焕发，让整个人都为之改观，气质会更优秀高雅，谈吐会更洒脱大度，与人交流起来也会更加轻松自然，进而产生一种可在不知不觉中感染、打动人的魅力。

有了自信不一定能够成功，但没有自信，就一定不会成功。在工作、学习和生活中，我们经常能听到很多人在说“我腼腆、我胆小、我不如别人、我有缺陷”之类的话，其表现则在于对自己的学识、品质、能力等评价过低，不断进行自我否定从而导致自惭形秽，心理脆弱；谨小慎微，多愁善感；畏畏缩缩，瞻前顾后；郁郁寡欢，身心皆疲。进而陷入恶性循环，人的意志被磨灭，信念追求被冲淡，身心健康被摧残，工作爱情遭遇挫折，生活失败，从而使人愈加陷入悲观哀怨的泥潭无法自拔。所有以上那些症状的根源都在于人的缺乏自信。

要知道，行走在社会中，你的自我感觉会在很大程度上影响着别人如何看待你，决定着别人对你是轻视，是平视，还是仰视。拥有自信，起码能够使你与对方处于平起平坐的位置。反过来，如果你不够自信，自己都觉得自己不行，那么你在对方眼里首先就矮了三分，对方也不会给予你足够的重视、尊重，最终的沟通效果自然也会大打折扣。

1991 年，冯仑和王功权（后来从事风险投资行业）等人南下海南淘金。到了海南，他们注册了一家公司做房地产，注册资金 1000 万元，但实际账面资金却只有3万元。3万元要做房地产，即使是在当时的海南也是天方夜谭。要解决资金问题，必须首先找到财大气粗的合作伙伴。

尽管当时没多少钱，但冯仑非常注意自己和公司所有人员的形象，大家的言谈举止让人一看就感觉很自信、很有实力。为了筹钱，冯仑首先想到的是信托公司。当时的信托公司是金融机构，非常有钱。他找到一个信托公司的老板，先是不紧不慢地给对方讲了一番自己的经历。冯仑的经历也确实耀眼——他从中央党校研究生院毕业后，先后在中央党校、中宣部、国家体改委、武汉市经委和海南省委任职，历任讲师、副处长、副所长等职务，还主编过《中国国情报告》等图书。再加上他充满自信的气量与风度，让对方丝毫不敢轻视。

在进行了一番个人“亮剑”之后，冯仑才“捎带着”和对方说了说眼前的商机，称自己手头有一单好生意，稳赚不赔，看到对方被说得怦然心动，冯仑顺势提出：“不如这样，这单生意咱们一起做，我出1300万元，你出500万元，你看如何？”这样好的生意，合作伙伴又是“如此牛”的一个人，还有什么不放心的？于是信托公司老板就慷慨地拿出了500万元交给了冯仑。

有了这宝贵的500万元，冯仑让王功权到银行做现金抵押，又贷出了1300万元。他们用这1800万元，买下了8幢别墅，稍作包装后即转手，结果除去各种成本，还净赚300万元。这是冯仑在海南淘到的第一桶金。

后来，冯仑总结说：“做大生意必须先有钱，第一次做大生意又谁都没有钱。在这个时候，自己可以知道自己没钱，但不能让别人知道。当大家都以为你有钱的时候，都愿意和你合作做生意的时候，你就真的有钱了。”

冯仑由于在中央机关工作过多年，见多识广，能说会道，与人沟通起来自然充满自信、得心应手、从容不迫。他在与合作方洽谈时的言谈举止中所折射出的自信，也确实给人留下了一种很有能耐的印象，甚至是很有钱的假象。在很大程度上说，正是这种“腹有诗书气自华”般的自信，使冯仑即使在最艰难的创业阶段也游刃有余，这种特质不仅帮他拓展了最有用的人脉，更为其带来了直接的“财脉”。

“生当作人杰，死亦为鬼雄”，相信没有人愿意给人留下那种缺乏自信、胆怯、猥琐的印象，且不说这种表现会使人难以发挥出正常的水平，仅仅是出于做人的最基本尊严，也应该将其彻底剔除。

生活中的许多问题、困难与不顺其实大都来源于你的缺乏自信。一旦有了信心，你的整个生活都将为之改观。它会让你对生活充满乐观，使你的人生充满快乐，使你气质更佳、能力更强，让你可以更加从容地驾驭生活。自信是一种美妙的生活态度，它会给你带来那些以前一直与你擦肩而过的快乐、健康、爱情、财富与成就。

敢想敢干，积极行动

牟其中有一句格言：“世界上没有办不到的事，只有想不到的事。”

牟其中不仅去想了，他也去做了。当他用大量的国内轻工产品从俄罗斯换回四架飞机的时候，很多人都对他的敢想敢干佩服得五体投地。不仅如此，在实践中他不断发挥着自己超人的想象力，激动豪迈地向世人宣布要放俄罗斯卫星、要把三峡人移民美国、要炸开喜马拉雅山南水北调、在满洲里投资100亿元、在陕北投资50亿元，尽管由于种种原因他后来的设想没能变成现实。但是牟其中的经历告诉我们，古往今来，敢想敢干的人能够成就事业，能够青史留名。而那些“思想上的巨人，行动上的侏儒”永远难以在现实中获得半点成就。

1996年，是尹同耀人生中的一个转折点，同时这也是中国汽车工业的一个转折点。在这一年，尹同耀离开了一汽大众，他想去开创自己的事业。

辞职后的尹同耀南下去了安徽芜湖，和他一同前往的还有另外七个志同道合的青年，他们的梦想是“做中国人自己的车”！

当他们一行人真正来到芜湖那个事业将要开启的地方时，眼前的一切还是让他们惊呆了：除了农田荒滩乱草和几间破败的茅屋，什么都没有！一群人仿佛进入了一片荒无人烟、没有人类痕迹的原始地带中，当时的创业艰难可想而知。

“即使这样，我们仍然迈出了第一步。租了农民的旧房子做办公室，开始做技术规划、画图，然后一点点招人、搞培训。”面对过去，尹同耀已经很淡定，仿佛说着别人的事。“起步时太艰难了，没钱、没人、没技术，一切都从无到有，连饭都是自己做。有时真觉得，这是不是开玩笑啊?!”

支撑他们进行下去的只有心中的理想和一股冲劲！

1997年，很多条件都不具备，在其他人看似不可能成功的前提下，尹同耀和他的伙伴们开始了疯狂而孤独的战斗，创建了奇瑞汽车。因为他们内心深处认定了自己的创业梦想，那么就没有克服不了的困难。

“梦想在前面，就不会退缩。最重要的是要有初恋般的激情，在我们企业，这叫‘不服输’！”从那时起，敢想敢干的冒险精神，就已成了奇瑞的组织基因。而这种敢于行动的冒险精神，正是促使人们进步的最重要素质之一。

1997 年 3 月，奇瑞第一间厂房破土动工。工地是一片荒芜的菜地和水塘，尹同耀和 20 多个同事挤在 3 间小草房里凑合着办公，熬过刻骨铭心的寒暑。从厂房施工到设备安装，事无巨细，尹同耀都亲自过问。铲草、整地、抬机器，他总是抢在头里。他动作快，话不多，累不倒。

一场疯狂的创业搏斗就这样展开了。没有条件，他们创造条件，最重要的是他们干起来了。

奇瑞人这种敢干而又疯狂的精神，也终于收到了成效。

1999 年 5 月 18 日，奇瑞第一台发动机顺利下线，一次点火成功。大家激动得抱头痛哭。尹同耀只觉得兴奋，没流一滴泪。

1999 年 12 月 18 日，第一辆奇瑞“风云”轿车驶下生产线。33 个月，造就一座现代化轿车工厂，这是世界汽车史上的奇迹！

回顾尹同耀的创业经历，在那样一个没钱、没人、没技术，一切都需要从无到有，连饭都是自己做的时期，他不仅敢想，而且能够果断地去采取行动，去投入创业实践，去干起来，这需要一种何等的决心与魄力。其实，奇瑞的创业者们都深深懂得市场是不等人的，商机是转瞬即逝的，如果等一切条件都具备了才去做，那么到时候可能黄花菜都凉了。

不去行动，想得再多也是徒劳的，即使是向前跨进一小步，也要比在原地等好得多，可在实践中进行不同的尝试，先做起来，因为在这个过程中得到的是经验。在经验与不断改进中继续前进，最后收获的才是成功。切记一点，那就是机会来了就上，别等，如果一直在等，那么再大的决心也会被磨平，只有先做起来，才能维持心中旺盛的激情，才能在行动中变得更踏实，因为“行动将会使猛狮般的恐惧减缓为蚂蚁般的平静”。

当你明确了自己的行动思路并制定了相应的行动目标之后，还有一个最关键的环节，那就是要将你的目标和规划付诸行动，否则一切都是妄谈。

能屈能伸，方为真英雄

程允升说：“丈夫之志，能屈能伸。”放下架子，该屈就屈，能屈能伸，才能更好地适应现实，才能更好地生存。能屈能伸者方为真英雄。

> 公元前195年，曹操被汉献帝任命为兖州牧，他尚没有自己的地盘，也没有足够的实力，因此只好暂时屈身在兖州这个地方。尽管官职不够显赫，但此时的曹操已经在积极筹备起兵，当时的陈留太守张邈对曹操来说是一个关键人物，因为他一旦起兵，在军队给养及后勤补助方面就要仰仗张邈的接济。
>
> 曹操为了赢得张邈的好感，主动接受他的节制，受他指挥。不久后，曹操随张邈一起开赴前线，并代行将军之职，检验并积累了自己的统兵才华。

曹操的“屈”是为了今后的“伸”，人们看到的也正是这样一个曹操：他一方面屈身于兖州，屈身于张邈帐下，受其管辖和节制，另一方面又在积极积蓄自己的力量，为打下自己的一片天地做准备。

所有能够成就大事的人都一样，都会经历人生中的低谷，这时候要懂得“屈身”，这样才能够保全自己，为日后的“伸”积蓄力量。

学会能屈能伸，往往并非人们想象中的那么轻松，也并不像逆来顺受那样简单。要想真正做到能屈能伸，就要去克服一切心理障碍，时刻准备着去低头，去承受委屈、孤独、泪水甚至是屈辱，因为，没有人能够随随便便成功。

很多年前，一个正值妙龄的少女来到东京帝国酒店做服务员。这是她进入社会后的第一份工作。她非常激动，从此处她将迈出踏向社会的第一步。同时，她也暗下决心，一定要做好自己的第一份工作，争取一个开门红。

第一天去上班，她高高兴兴地去报到，然而让她大感意外的是，上司分配给她的第一份工作居然是洗厕所，而且要求也是出奇的严格，要洗得光洁如新。

洗厕所，这是谁都不愿意去做的工作，除非万不得已，一般人都不会去做这种工作。更何况是对这样一个初出校门、喜欢干净的妙龄少女呢？

虽然不情愿，但由于是上司交给自己的第一项任务，所以她还是去尝试了。事先她还一再给自己鼓劲，劝说自己要学会适应。但是，当她真正去面对那种恶劣的工作环境以及厕所中的秽物时，仍然无法掩饰住恶心与抵触。这时，她几乎想到了放弃，然而又不想就这么轻易地认输，也不甘心就这样败下阵来。想继续坚持下去，然而面对眼前的一切，她又开始皱眉了。

就在她进退两难时，一位酒店的前辈来到了她的面前，什么话也没说。只是随手拿起了抹布，一遍又一遍地擦洗着马桶。她知道这位前辈是在为自己做示范，就非常耐心地留意着他的一举一动。很快，马桶就被擦好了，看上去确实光亮如新，前辈的好心示范与敬业精神打动了她，这时她也明白了这种工作安排，并不是上司在故意为难她。

当她思绪万千时，她又看到了让自己震惊不已的一幕：那位前辈居然当着她的面从马桶里舀出一杯水，一饮而尽，并且看不出任何不情愿与勉强的意思。

震惊过后，她也彻底想通了：自己必须去适应这种工作，而且还要将它做得更出色，而且就算今后一辈子洗厕所，那也要做一名全日本最出色的洗厕所的人。

她开始振作精神，全身心地投入到洗厕所的工作中，即使是在没有上级监督的情况下，她也能始终以那位前辈为榜样，努力让工作质量达到甚至超过前辈的水平。而且，她也多次喝下自己清洗过的马桶的水，这样做既是为了检验自己的工作质量，也是为了检验自己的信心。

正是这种对工作的迅速适应以及全身心投入，让她养成了能屈能伸、一丝不苟的工作精神，为她漫长的职业生涯打下了坚实的基础。有了这种工作精神，在今后的道路中，她就可以去勇敢地迎接所有挑战、去“屈身”任何恶劣的环境。这位少女也在一步步地踏上成功之路。几十年的光阴很快就过去了，后来她成为日本政府内阁的主要官员——邮政大臣，她的名字叫野田圣子。

不经历风雨，怎能见彩虹？野田圣子用自己的行动为“能屈能伸”四个字赋予了伟大的内涵，面对一般人都会去抵触的事情，她不仅适应了，屈身去做了，而且还做得非常出色。相信，没有人会因为她适应了洗厕所这种工作去嘲笑她，相反，所有人都会发自内心地对她表示钦佩，并为之喝彩。

能屈能伸，有时是一场严峻的考验，在考验面前，如果选择了退缩，个人难以得到成长。如果去勇敢地接受了挑战，那么人的适应能力及境界也会得到大幅度提升，一如上述案例中的野田圣子。

不得不承认，这种能屈能伸、善于适应的人，才是真英雄！

选择积极的思维方式

威廉·詹姆斯说："我们这个时代最伟大的发现就是人们可以通过改变思维方式来改变自己的生活，而思维方式是一种选择，我们可以用积极的思想对待事物，也可以用消极的思想对待事物。"

你可以选择积极的思维方式，也可以选择消极的思维方式。如果你想通过思维方式来改善而不仅仅是改变自己的生活的话，那么你需要具备积极的思维方式。事实上，盼望自己的生活得到积极的改善是每一个人的愿望，所以，人人都需要积极的思维方式。

在平时，积极的思维方式能助人积小胜为大胜，而在关键时刻，成败荣辱系于一念之间，一招不慎，全盘皆输，积极的思维方式的作用将会更加巨大。

牛根生曾说："财富不是在口袋里，而是在脑袋里。"人的大脑是高度发达的，每个人都具有积极思维的潜力，也有积极思维的能力。法国的心理学家库耶曾说："我们的身体里蕴藏着难以估计的力量，若使用不得法，它会给你招来一次又一次的伤害；假若有意识地引出这种力量的话，就能很好地驾驭自我，不但会主动地避开肉体和精神上的疾病，还可以帮助他人，从而实现适合于自己的幸福生活。"

积极思维是人的一种潜能，而这种潜能正是我们大脑中的一种固有机能，因而随时都可以发掘并加以很好地利用。

如果你不懂得去利用积极思维，那么就很难会有职业上的拓展，就很难会有事业上的成功，最终甚至会被激烈的竞争所淘汰。对于个人而言，一生中真正的好机会往往只有一次，但你不知道它什么时候降临，而那些具备积极思维的人相对而言更容易能够把握到这种天赐良机。所以，你必须随时携带积极思维，做好充分的准备。

如果你现在还不具备积极思维，那也无须担心，因为你还可以在工作中去培养自己的这种思维方式。

广告大师大卫·奥格威是一个拥有积极思维的人，他的这种思维方式并不是天生的，而是在工作中逐渐培养的。

最初，刚毕业的大卫来到巴黎皇宫饭店当厨师，一次，一位客人在用餐时点了一只烤鸡，但当天的烤鸡已经卖完。大卫于是让侍者向顾客解释，建议顾客更换其他的菜肴。这时他身边的主厨听到后，却严厉地责骂了他："厨房必须永远按照菜单上的做，这是对客人的尊重。"

大卫辩解道："再烤一只需要40分钟。"

主厨说："把烤箱温度调到600度，15分钟就能做好了。"

大卫不服气："如果客人点的是需要一整天才能做好的烤大米蛙鱼呢？"

主厨轻描淡写地说："那就打电话到别的饭店，打车去买回来。"

主厨尽管严厉，但他向大卫传递的是一种正确的工作态度，也是教大卫在工作中养成积极思维，用积极的态度去面对工作中的问题并去想方设法加以解决。

果然，在这位认真负责的严厉主厨的教导下，大卫的办事方式越来越得体、周到。一次，一位顾客提出了一个比较苛刻的要求，让饭店为其烤一个符合她要求的苹果，但是她所要求的苹果在市场上根本买不到。如果不满足她的要求，饭店将会损失惨重。大卫没有因此而放弃，他想用自己的诚意打动这位顾客。于是他烤了两个苹果，把其中一个苹果的果肉精心加工后放到另一个苹果上，做出了一个顾客所要求的烤苹果。顾客感受到了他的诚意，对他所烤制的苹果非常满意。

在工作中，具备积极思维能力的人更容易成功，他们在面对难题时，总会积极地寻求解决之道，并在工作中严格要求自己，就像上文中的主厨和大卫一样。试想，如果大卫不懂得积极思维，只是简单对顾客搪塞应付了事的话，那么他是难以满足顾客的苛刻要求的。

积极思维会确保人们在处理任何事情时，都能以积极、主动、乐观的态度去思考和行动，促使事物朝着有利于自己的方向转化。积极思维会使人在逆境中更加坚强，在顺境中脱颖而出；变不利为有利，从优秀到卓越；从认知上改变命运，是事业成功和实现自我的有效途径；它的本质是发挥人的主观能动性，挖掘潜力，体现人的创造性和价值。

人人都需要积极思维，时时刻刻都离不开积极思维，因为积极思维是一种正确的、理性的潜意识，它能影响、决定、带动其他方面的意识。如果把积极思维当成一切思维的基础，所有的念头都指向一个明确的目标，那么，成功就在眼前。没有积极思维，所有的努力都将是徒劳的。

善待别人

与人为善是我国的传统美德，也是为人处世的重要准则。《孟子·公孙丑上》中说：“取诸人以为善，是与人为善者也。故君子莫大乎与人为善。”它的意思是，君子最高的德行就是同别人一道行善。在现代，与人为善的语意有所拓展，多指以善意的态度对待他人、为人着想、宽厚待人、乐于助人。

与人为善是一种爱心的体现，也是一种人生智慧，它常常放射出比智慧更诱人的光芒。与人为善是一种蕴藏在人内心深处的珍贵情感，它是对人生的一种理解，对行为的一种负责。

一个生活拮据的男孩为了筹集学费，就在课余时间挨家挨户地去推销商品。

开始，他的推销进行得很不顺利。有一天，到了傍晚，还了无收获，他疲惫不堪，饥饿难忍，绝望地想放弃。走投无路之下，他敲开了一扇门，希望主人能给自己一碗水喝。

开门的是一位年轻的美丽女子，她微笑着递给了他一杯浓浓的热牛奶。

男孩和着眼泪把牛奶喝了下去，从此也重新鼓起了对生活的勇气。

许多年以后，那位男孩成为了一个知名的外科大夫。一天，一位病情严重的妇女被转到了这位著名的外科大夫所在的医院，大夫顺利地为她做了手术，让她脱离了危险。无意中，大夫发现那位妇女正是多年前在他饥寒交迫之时给过他那杯热牛奶的年轻女子，他没有声张，而是决定悄悄地为她做点什么。

待到出院时，一直为昂贵的手术费发愁的那位妇女，在拿到手术费用单时，看到的却是这样七个字——手术费：一杯牛奶。她突然掉进了回忆中，不禁热泪盈眶。

毋庸置疑，那位美丽女子当初的善举，更多是一种本能的美德，她根本没想要得到什么回报。然而，后来事情的演变却感动了每一颗善良的心，它似乎也在冥冥之中验证着那句俗语——善有善报。

生活中需要与人为善，在工作中，善待他人也是每个人都应该遵守的一条基本准则。在当今这样一个需要合作的社会中，人与人之间更多的是一种互动的关系。只有善待别人、帮助别人，才能处理好人际关系，从而获得他人的倾心合作。那些慷慨付出、不求回报的人，往往更容易获得成功。

在与同事相处的时候，与人为善并不是为了得到回报，而是为了让自己活得更快乐。与人为善其实极易做到，它并不需要刻意做作，只要有一颗平常心就行了。

> 一个人早晨来到办公室的时候，对周围的同事笑了一下，没想到，这一笑却带来了意想不到的效果，他的上司看到他时，也对他笑了一下，要知道他的上司可是很少有笑容的。这样一来，这个人这一天的心情特别好，平时那种冷冰冰的感觉没有了，感觉周围的人都很亲切。而且他的微笑，更是感染了身边的同事，大家之间的关系更加和谐融洽了。

善待身边的每一个人，可以为自己创造一个宽松和谐的人际环境，使自己有一个发展个人能力和发挥创造力的自由天地，享受到一种施惠于人的快乐，从而有助于个人的身心健康。与人为善可以给我们带来好心情，还可以给我们带来身体上的健康。

那么如何与人为善呢？其实很简单：就是要善待他人，多一点谅解、宽容和理解，少一点苛求与责难。能够看见别人的优点，并能够欣赏它、赞美它。这样别人也会以同样的善心来对待你。

慎独：提升自我修养

慎独是一种思想，也是自我修养的重要手段。在古代典籍中，人们一般把慎独理解为“在独处无人注意时，自己的行为也要谨慎不苟”（《辞海》），或“在独处时能谨慎不苟”（《辞源》）。

其实，慎独，关键是一个“独”字。“独”是什么意思？“独”是别人看不见、听不见的地方，它不仅是指外在的空间，更重要的是指人的心灵。朱熹说过：“独者，人所不知而已所独知之地也。”只要心中有道德、脑中有纪律、手脚有约束，把独处也当作光天化日之下，就能做到慎独。朱子讲过：“非特显明之处是如此，虽至微至隐，人所不知之地，亦常慎之。小处如此，大处亦如此。显明处如此，隐微处亦如此。表里内外，精粗隐显，无不慎之。”

子夏是孔子的著名弟子。

有一天，子夏去拜见曾参，曾参也是孔子的得意弟子，一向严于律己，以孝行著称。曾参看了看子夏，打趣地说：“怎么一阵子不见，你就如此发福啊。”子夏不以为意，反而乐呵呵地回答说：“我打了一个大胜仗，心情舒畅无忧，所以身体就胖起来了。”

曾参有些摸不着头脑，疑惑地问：“这话是什么意思?”子夏说：“我终日在家读书，学习先王（泛指贤帝尧舜等）之道，觉得他们的仁义道德和高尚的德行，实在是高山仰止，令我心生敬佩、仰慕之情，觉得能效仿他们一定很快乐。可是出门之后，当我看见富贵人家身穿绫罗绸缎，享受豪宅美食，夜夜笙歌曼舞，逍遥自在，我又不由得心生向往之情，觉得能像那样生活一定很幸福。两个念头不断出现在我的脑海中，激烈争斗，难分胜负，我寝食难安，心中不宁，所以身体日益消瘦。现在先王之道终于在心中占上风，取得了绝对胜利，我的心情又恢复了安宁祥和，所以身体自然发胖了。”

曾参听了，连连称赞子夏，对他更为敬重。

古圣今贤们所说的“人恒过”“不犯错误的人没有”，并不是说人们可以不自律、不严己、不加强道德修养、不追求高尚品格。孔子认为，人们如果要不断提高自己的道德品质，就必须“躬自厚”“求诸己”“内自讼”。他的门生子夏无疑是遵照其教导，严格要求自己的典型。如果一个人通过反身自省，感到自己是忠诚踏实的，那便是最大的快乐。正因为这样，子夏才由瘦而胖，并因此而欢欣愉悦。

古往今来，有慎独境界者不乏其人。柳下惠坐怀不乱，曾参守节辞赐，萧何慎独成大事。东汉杨震的“四知”箴言，“天知、地知、你知、我知”慎独拒礼；三国时刘备的“勿以恶小而为主，勿以善小而不为”；范仲淹食粥心安；宋人袁采“处世当无愧于心”；李幼廉不为美色金钱所动；元代许衡不食无主之梨，“梨虽无主，我心有主”；清代林则徐的“海纳百川，有容乃大；壁立千仞，无欲则刚”；叶存仁“不畏人知畏己知”；曾国藩的“日课四条”：慎独、主敬、求仁、习劳，其所谓慎独则心泰，主敬则身强……

以上种种，无一不是慎独自律、道德完善的体现。

慎独是一种人生境界，慎独是一种修养，慎独是一种自律，慎独是一种自我的挑战与监督。

慎独的最高境界是孔子所说的“随心所欲”，随心所欲不是我们日常所说的想干什么就干什么，而是指道德修养到一定程度后所达到的一种道德境界。慎独虽然是古人提出来的，但并没有因时代的更迭而失去现实意义，因为它是悬挂在人们心头的警钟，是阻止人们陷进深渊的一道屏障，是提升人们自身修养，从而走向完美的一座殿堂。

吾日三省吾身

苏格拉底说："一个没有检视的生命是不值得活的。"自我反省不仅是了解自己做了什么，最重要的是透过它能够更好地剖析自己。柏拉图更进一步说："反省是做人的责任。"不善于反省的人，是难以在生活中取得突破的。

曾参作为孔子的弟子，发扬光大了孔子的学说，此前，孔子曾经说过"见贤思齐焉，见不贤而内自省也"。曾参又将老师这种自省精神进行了具体化，进一步提出了"吾日三省吾身"。

一天晚上，孔子与几名弟子在外步行赏月。

孔子对弟子们说："我年事已高，今后与你们一起走动的时间不多了。"

子柳问："老师，我是您的新弟子，各方面修养远不及师兄们，我想在修养方面多加努力。请老师谈一下'格言''座右铭'的具体含义。"

"'格言'是具有劝诫和教育意义的精练语言，而'座右铭'则是写出来放在座位旁边的格言。一个君子应当有自己的座右铭，用来警醒、激励自己。"孔子说完，问曾参："你通常考虑的是什么？"

曾参说："学兄颜回德高学深，然而，他能够向不如自己的人请教，可谓真正做到了‘以能问于不能，以多问于寡’。我时常想的就是多去学习颜回的美德。”

“‘以能问于不能，以多问于寡’，这句话自然是颜回的座右铭了。”孔子再问曾参：“你的座右铭是什么？”

曾参恭敬地答道：“‘吾日三省吾身’，第一，想想自己帮助别人办事是否尽心尽力了。第二，看看自己和朋友交往是不是真诚守信。第三，老师传授的学业是否进行了认真复习。”

孔子满意地说：“你这三点做得很好，要想做一个真正的君子，必须做到‘吾日三省吾身’！”

以现在的视角来看，自省，简而言之就是自我反省、自我检查，以做到“自知已短”，从而弥补短处，纠正过失。

那些力求上进的人都是善于自省的，因为他们知道，自省是认识自己、改正错误、提高自己的最佳途径。自省能使人不断趋于完善，消除负面思维，逐渐走向成熟，获得心灵上的宁静和精神上的幸福。

成功学大师戴尔·卡耐基说：“我的档案柜中有一个私人档案夹，标示着‘我所做过的蠢事’，夹中插着一些做过的傻事的文字记录。我有时口述给我的秘书做记录，但有时这些事是非常私人的，而且愚蠢至极，没有脸请我的秘书做记录，因此只好自己写下来。每次我拿出那个‘愚事录’的档案，重看一遍我对自己的批评，可以帮助我处理最难处理的问题——管理我自己。

我曾经把自己的麻烦怪罪到别人头上，不过随着年龄渐增，我最后发现应该怪的人只有自己。很多人随着年纪的增长而认清了这一点。”

拿破仑被放逐到圣海伦岛时也说：“我的失败完全是自己的责任，不能怪罪任何人。我最大的敌人其实是我自己，这也是造成我的悲惨命运的主因。”

富兰克林每晚都进行自我反省。通过自省，他发现了自己的十三项严重错误，其中包括：浪费时间、关心琐事及与人争论。睿智的富兰克林知道，不改正这些缺点，就成不了大业。于是，他制订了一个详细的改正缺点的计划，每天记录改进情况。他一直与自己的缺点奋战，整整持续了两年。后来，富兰克林终于成就了大业。

伟大的人物都是善于进行自我反思的，并且会根据反思结果进行针对性的自我改造，最终才得以成就了伟业。

艾尔伯特·哈伯特说过：“每个人一天起码有五分钟不够聪明，智慧似乎也有无力感。”一般人常因他人的批评而愤怒，而有智慧的人却想办法从中反思，从中学习。诗人惠特曼曾说：“你以为只能向喜欢你、仰慕你、赞同你的人学习吗？从反对你的人、批评你的人那儿，不是可以得到更多的教训吗?”

与其等待敌人来攻击我们的缺点，倒不如自己主动进行自我反省。我们可以来做自己最严苛的批评家。在别人抓到我们的弱点之前，我们应该自己认清并处理这些弱点。

达尔文就是这样做的，当达尔文完成其不朽的著作——《物种起源》时，他已意识到这一革命性的学说一定会震撼整个宗教界及学术界，同时也会招致非议。因此，他主动开始自我批评，前后耗时15年，不断查证资料，向自己的理论挑战，批评自己所下的结论。

金无足赤，人无完人。人活在世上，谁都难免有这样或那样的缺点和错误，谁都难免有不足的一面，因此我们需要反思。罗曼·罗兰说：“在你要战胜外来的敌人之前，先得战胜你自己内在的敌人；你不必害怕沉沦与堕落，只要你能不断地自拔与更新。”那些杰出人士就是通过彻底反省来打败自己内心的敌人，打扫自己思想灵魂深处的污垢尘埃，减轻精神痛苦，净化自己的精神境界的。

卢梭在少年时曾经将自己极不光彩的盗窃行为转嫁在一个女仆身上，致使这位无辜的少女蒙冤受屈，成名后卢梭时常为此时感到懊悔和内疚。他说："在我苦恼得睡不着的时候，便看到这个可怜的姑娘前来谴责我的罪行，好像这个罪行是昨天才犯的。"

卢梭在他的名著《忏悔录》中对自己作了严厉而深刻的批判，把这件丑事公诸世人，显示了他彻底反省的坦荡胸怀和不同凡响的伟大人格。

一个人是否具有反省能力对其做人是很重要的，只有懂得自省的人才能跟上时代的步伐。在当今科技迅猛发展的时代里，每个人都不可能永远不犯错误，因此，及时自省和自我批评往往是纠正自身错误、快速实现转型的关键所在。

"静坐常思己过"，以安静的心境自查自省，才能克服意气情感的干扰，发现自己的本来面目，捕捉到平时还自以为是的过失。

学会感恩

"太不公平了！苦活累活都让我一个人做，有些人不就是运气好嘛，凭什么总是他们出风头！"

"在我们这个公司里，就是小人得志，会拍马屁才能当上主管！"

"工作了这么多年，仍然干这种鸡毛蒜皮的小事，我真是时运不济啊！"

"为什么我总是碰见这样抠门的老板？"

"天天让人加班，又不给加班费，真是倒霉来了这样一家公司！"

……

生活中，类似的抱怨之声你一定不陌生，甚至你也有可能有过相同的抱怨。不管是哪一种，你是否认真地想过：这样的抱怨有用吗？值得吗？它们能改变你的不利处境吗？

答案显然都是否定的，据心理学家统计，在影响人们成功的几大因素中，心态是排第一位的因素。而且，人的语言和心态又是互相影响的，而抱怨就是用自己的语言不断地给自己的心态进行负面的暗示和强化，不断说服自己并“相信”自己就是一个失败、无能的人。实际上，正是你的抱怨让你看起来越来越失败。

富兰克林说：“我未曾见过一个勤奋、谨慎、诚实的人抱怨命运不好；良好的品格，优良的习惯，坚强的意志，是不会被所谓的命运击败的。”抱怨只会放大人们的痛苦，这是一种应该摈弃的负面思维。世界上没有十全十美的工作，与其抱怨，不如改变思维方式，坦然地面对既有的种种不如意，反过来去感恩目前所拥有的一切，这样，你将会发现另外一番天地。

在《鲁滨孙漂流记》中，孤身落难荒岛的鲁滨孙，在面对未卜的前途时，并没有去抱怨，他理智地列了两张清单，一张列出他所面临的困难，另一张列出的是值得自己去感恩的事，也就是感恩清单。他所面对的困难的清单上列出的是他现在所有失去和缺乏的物品；他所感恩的事的清单上列出的则是现在他所拥有的一切。

经过对比，鲁滨孙吃惊地发现，自己拥有的资源原来是如此丰富，正是感恩清单让他重获生存下去的勇气。而在这种勇气以及感恩心理的支撑下，28 年后，鲁滨孙终于成功离开了荒岛。

这就是感恩清单的力量。一位心理学家说过：“列一张感恩清单，从此开始，它会改变你的能量。”是的，这种正能量的力量是强大的，有这样一段话：活在感恩的世界里：感谢斥责你的人，因为他助长了你的智慧；感谢拒绝你的人，因为他教导你努力奋进；感谢绊倒你的人，因为他强化了你爬起来的能力；感谢讥讽你的人，因为他送给你更加完美的理由；感谢遗弃你的人，因为他指导你独立自主；感谢欺骗你的人，因为他增进了你的见识；感谢伤害你的人，因为他磨炼了你的心志……在面临困境甚至是绝境时，我们不要去想我们失去了什么、缺乏什么，而应该用充满求生的渴望来想我们现在还拥有什么，并感谢所拥有的一切，当你真正具备了这种心态的时候，你会发现现实中可供你去感谢的人是如此之多。

第一，你要去感谢老板、感谢公司。

有位父亲告诫刚踏入社会的儿子："若遇到一位好老板，便要忠心为他工作；假如第一份工作就有很好的薪水，那算你的运气好，要努力工作以感恩惜福；万一薪水不理想，老板也不太好，就要懂得在工作中磨炼自己的技艺。"

感谢老板，因为他给你提供了一份工作，并且容忍你的错误，期待你的成长，等待你从一名青涩的职场新人成长为一名职业精英，为你的每一次错误付出代价。感谢他对你的信任，感谢他给了你这份工作，感谢他让你有机会来展示自己的才华。

一位成功的员工说："是一种感恩的心情改变了我的人生。当我清楚地意识到我无任何权利要求别人时，我对周围的点滴关怀都报以强烈的感恩之情。我竭力要回报他们，我竭力要让他们快乐。结果，我不仅工作得更加愉快，所获帮助也更多，工作更出色。我很快获得了公司加薪升职的机会。"

那些存有感恩心的员工，即使离开原来的单位，原来的老板，他们仍然会对之交口称赞，而绝不会去做任何诋毁。

第二，你要去感谢同事。

哈佛大学毕业的华裔张小姐就职于美国邮政服务公司，与她相处过的同事都对她的微笑、善良和勤劳有深刻的印象。几乎每一个和她相处过的人都成为了她的朋友。

有人不解，就问张小姐有什么和人相处的秘诀。

“我幸运地获得了这份工作，有很多友善的同事，上司对我的要求很严格，但是在私人生活方面对我却很照顾，所有的这一切，我都铭记在心，对他们心存感激。”

“一直带着这种感激的态度去工作，很快我就发现，一切都美好起来，一些不快也很快过去。我工作得很顺利，大家都很乐意帮助我。”

张小姐无疑是那种最睿智的员工，她懂得去感激自己的同事和上司，而她的感恩，她的善意，会得到来自身边人的同样对待。因为，同事更愿意帮助那些知恩图报的人，上司也更愿意提携那些一直对公司抱有感恩心的员工，因为这些员工更容易相处，对工作更热情，对公司更忠诚！

工作就是这样，你对同事感恩，与他们友好相处，他们自然也会同样喜欢你，你们会组成一个强大的工作团队，共同获取成功。

第三，你要去感谢家人。

人在工作中的成长与进步离不开家人的支持。只有取得家人的全力支持，个人的事业才会更上一层楼。

日本的推销大师原一平就把他的成功归根于他的太太久惠。他认为，他的推销工作是夫妻共同的事业。所以每当有了一点成绩，他总会打电话给久惠，向她道喜。

“是久惠吗？我是一平啊！要向你报告一个好消息，刚才某先生投保了1000万元，已经签约了。”

“哦，太好了。”

“是啊，这都是你的功劳，应该好好谢谢你啊。”

“你真会开玩笑，哪有人向自己的太太道谢的?”

“这是应该的嘛。”

“我还得去访问另外一位先生，有关今天投保的详细情形，晚上再谈，再见。”

学会和家人分享成功的果实，是取得家人支持的一个妙方。有了家人的爱和支持，也会让你的成功变得有意义。

第四，你也要学会感谢自己。

自己是工作的核心，也是取得所有成绩的主体。因此，你在感谢所有人的同时，也不要忘记感谢你自己。

感谢自己为工作付出的努力，感谢自己的坚持和毅力，感谢自己没有虚度光阴，感谢自己取得了一流的业绩。感谢自己，才能让自己变得更美丽，让家人更幸福，让同事更成功，让企业更强大。

第九章
珍惜拥有：因果轮回，福来福往，皆流向善处

福来福往，皆流向善处！爱人者，人皆爱之！助人者，人恒助之！你值得拥有！你的生命在照亮更多的人！你的精彩还远没有开始，你的世界别人可以暂时不懂，但会被你吸引，在你自己真正懂了放下后。

一切都是最好的安排

人的一生难免会遇到很多茫然，也难免会错过一些你认为不错的东西。所以，有些人总活在后悔当中，认为那些错过的才是最好的，而所经历的却是最没意义的。这样的情绪不但影响了自己的正常生活，也让自己失去了在新生活中寻找意义的机会。我想要告诉大家：一切都是自我的吸引，苦难的背后全是财富，你看到或未看到都将会成为你的轨迹，影响你接下来的路。不会有最坏的结果，都是借由你所经历的让你避开不属于你的，避开的才是最坏的结果！

为什么要这样说，因为人生本就会遇到一个又一个的转折，一眼可看到底的人生终究缺少味道。虽然太多的事情让人难以接受，可真正走过之后，回想起来却又会发现它原本这样美好。可惜的是，它早已经成为过去式，我们又迎来了自己现在所不喜欢，过后依旧后悔的时段。所以，每个人都要相信，每一个现在都是有意义的，不论现在面对什么，一切都是最好的安排。

古时候，有一个远方的小国家，国王喜欢到处打猎、游玩，而身边总是带着自己的宰相。宰相最大的特点就是乐观，所以总是把“一切都是最好的安排”这句话挂在嘴上。有一天，国王又带着大家出去打猎，没想到动物没有打成，倒意外折断了小手指。大家都很为国王难过，纷纷劝解安慰。这时，只有宰相说：“一切都是最好的安排。”国王听了这话很生气，心想，我的手指都断了，你还说是最好的。于是一气之下就将宰相关进了牢房，说：“看你现在还说是不是一切都是最好的安排。”

过了一段时间，国王的手指虽然还没好，但已经不疼了，这让他又打起了出游的主意。只不过，他还在生宰相的气，就没有带他，依旧将其关在牢房里。然后自己一个人偷偷离开宫殿，骑着马出去了。走到国界的丛林时，恰好是天黑的时间，于是国王收拾一下，就住在了丛林里。没想到，在这里有一个古老的野人部落，他们正发愁找不到活人为上天献祭。结果就在丛林里看到了国王的身影。野人头目说：“这个人又白又嫩，而且很肥胖，用来祭祀上天是再好不过的了。”野人们立刻将国王给抓了起来。可就在野人将国王的衣服剥掉，要进行祭天的时候，头目又发现国王的手指断了一截，非常生气地说：“给上天的献礼怎么可以是残缺不全的呢？不用这个人！”

结果，国王就这样被放了。回到皇宫之后，他便立刻将宰相给接了出来，说：“宰相呀，我今天才发现‘一切都是最好的安排’这句话有多正确；只是我因为断了小指才捡了一条命，可是你却因此惹来牢狱之灾，这也算是最好的安排吗？”宰相却笑了，说：“如果我不是被关在牢房里，肯定跟着国王出游了，那国王不能用来作祭品，合适的人选说不定就是我了呢。”

这个故事非常生动地告诉了我们，人生中的每一次际遇都有着它独特的意义，不管这际遇是美好的还是痛苦的，只要发生了，那就是最好的安排。所谓存在即合理，就是这个意思。当我们在为失恋、失业、失败等不幸感到痛苦的时候，都应该想想，若干年后的我们，因为失恋才懂得了如何去爱一个人；因为失业才改变了后来的生活；因为失败才成就了未来的人生。这所有的一切，都是冥冥之中的注定，它不会因为感觉痛苦就不再发生。

所以，不管遇到什么事、什么人、什么样的心情，一切都是最好的安排，你只要懂得了感恩和珍惜，就会有勇气面对以后的生活。如果因为暂时困顿而裹足不前、报怨不止，那你错过的可能就不仅仅是眼下一时的风景了。试想一下，有多少人，因为经受住了人生下坡路的考验，才最终站在了人生巅峰，又有多少人因为痛苦的过往而领悟了人生真谛！这些足以说明，一切的安排都是最好的。

每个人都情不自禁地选择了一条最适合自己的路，相比我们避开的那些未知的或许更冷、更痛苦的路，脚下的路又未尝不是最好的安排。面对美好的进行时，我们要学会欣赏；面对痛苦的遭遇，我们更要学会感恩。因为有了美好，我们品尝了人生的甜蜜；因为有痛苦，我们变得坚强而壮大。如果我们不曾经历失败，又怎么会知道，在这个世界上还有很多事是我们所做不来的，我们又如何去重新学习、研究。现在的不美好恰恰就是为了给你日后的美好铺路，不强大、不乐观、不坚实的人是没有办法领略人生的最美境界的。所以，从今天开始就这样告诉自己吧：一切都是最好的安排！

别让忙碌冲淡生活原有的乐趣

我们总是说，人生是短暂的，人生是匆忙的，但就算这样，我们也没有权力将自己的人生涂抹成单一的颜色。因为人生是多彩的，是缤纷的，若一味用匆忙来对待，又怎能发现生活的别样之美？看看我们身边，路边的野花正在开放，空气当中夹带着芬芳，天空很蓝，微风正轻。这样的美好，我们怎可视而不见！

可是，当我这样说的时候，相信会有太多人跳出来辩论：我的生活中都是工作，天天加班，天天忙得像陀螺，哪有时间去关注你说的这些事物呀？那些所谓的美好只是有钱人的生活，与我无关。我说这是绝对错误的思想！社会的财富不均，肯定存在富人与穷人的对比。但不同的人生，有不同的乐趣，你没有看到自己生活的美，不是因为你工作太忙，没有钱，而是你缺少了一双发现生活乐趣的眼睛。穷人可以享受自己的茶茗人生，任随富人去过富人的纸醉金迷；这样各取其乐，又有什么不好？

曾经有一个靠卖蔬菜养家糊口的男孩子，他最大的梦想就是改变现在的贫穷生活。所以，他每天积极卖菜，拼命积累财富。可是母亲心疼他，每天做好热饭、热菜给他送到摊位前。年轻人的生活虽然苦了些，但照样养得壮壮实实。他起早贪黑地进菜、卖菜，好不容易攒了一些本钱，于是开始做起蔬菜批发生意。这个工作更累人，下午他要到处去寻找报价便宜的菜农，开发进货渠道；晚上，则要开了店门迎接刚到货的蔬菜，然后再在凌晨时分批发出去。这样的生活让他一天最多只能睡4个小时，真正如陀螺一般转个不停。因为一天到晚都在到处跑，母亲已经没有办法为他送饭，所以他变得又黑又瘦，胃也不好起来。

年轻人并不在意这些，依旧吃苦耐劳。这让他的批发店生意越来越好，分店一家又一家不断地开起来，分别经营不同种类的东西。他开始雇人来给自己看店，自己则一心一意地在外面拓展货源。这样干了十多年，他不但有了钱，而且在城里买了别墅，买了车子。可这时，他的胃病也成为他跨不过去的坎儿：每天吃东西会疼，不吃东西也会疼。有一次因为太疼，他不得已去了医院，做完检查才发现，自己的胃已经病到不可救药了。高度溃疡、出血、炎症，明显的胃癌早期迹象。在医生的建议下，他的胃切掉了七分之六，每天只能进少许的流量物质。直到这时，他才摇着头说："我这一生啊，什么都没留下。"

年轻人一生什么都没留下吗？恐怕他拥有最多的就是坚强，就是拼搏。可惜，人生不只是这样单调，因为除了打拼，我们还应注意"休闲"。人生若没有休闲的乐趣，不懂得用工作之外的事物来愉悦生活、愉悦自己，那和机器有什么区别？年轻人在专注于自己事业的时候，恰恰会迷失了本我，忘记了工作是为了什么。等到健康不再，才发现自己的一生太过单调、空白。

我们说努力没有错，拼搏也没有错，但我们不能因为"明天"的美好而浪费了今天的美好。人生之所以不同，就是因为我们从中看到了它不同的成分，感受到了不同的滋味。有的人会将人生比喻成电影，可是每个人都很清楚，电影中除了痛苦还有欢乐，除了事业还有爱情，不管它是浮华的还是潦草的，都不可能以一种单一的成分组成。所以，面对自己的生活的时候，千万不要让欲望蒙蔽了双眼，让忙碌冲淡了生活原有的乐趣，到头来留下些许遗憾、一声感叹，却又回到匆匆的赶路中……

生活中，每个人都有着自己的梦想，有着自己的爱好，那些不能融入工作中去的希望，那些不能与生活同步的乐趣，我们不妨在日常生活中拿出一定的时间来自我欣赏、自我玩味。喜欢读书的，每天用 30 分钟、1 小时的时间去读一读自己喜欢的文章，这样可以更好地充实枯燥的内心世界；喜欢出去走走的人，利用假期，到处去看看，从而丰富自己的视野。

生活中的乐趣就好像人生的润滑剂，因为时时有它们的润滑，我们的生活才变得有滋有味，我们的人生才变得多姿多彩。所谓名利、功名、金钱、事业，最多是生活中不可缺的部分，但不能称为全部。哪怕是一棵小草，它也需要一年四季的不同变化，才能称为完整的一生。作为有思想、有需求的人，我们更应该学会在繁忙中偶尔停一停，用心去享受繁忙之外的生活！

非淡泊无以明志，非宁静无以致远。古人的话是有着多重内涵的，我们走到今天，实在没有必要自己去重新践行、总结。所以，不要在忙碌中迷失自己，学会经常停下来看一下世界，学会在上班的路上看看路边的风景，学会吃饭时想象一饭一菜的形成过程。这时你就会发现，人生从来不缺少乐趣，我们也没必要将自己置于浮躁、压抑的边缘。用平静的心，用达观的眼，看待人生、享受生活，才能堪称幸福！

享受每一个当下

佛教中有一句每一个参禅者都要领悟的话，那就是：活在当下。这是什么意思呢？曾经有佛教弟子向师傅请教这个问题，师傅只回答他：吃饭就是吃饭，睡觉就是睡觉，这就叫活在当下。道理真的就是这么简单：用一心一意去过正在经历的时光，不要在这一刻总想下一刻的事情。应该说这种人生道理，不只佛家弟子需要进行参透，每一个人都应该懂得，而且去学习这种道理。

人生是一条单行道，它的神圣就在于不能回过头来重新走一遍已经经历过的时光。所以，我们总是说：世界上没有卖后悔药的！如果我们因为昨天生气了，今天就依旧生活在气愤中，那岂不是身心依旧活在昨天？而活在当下则告诉我们，抛开昨天，只活在眼前这一刻，因为昨天已经过去，而下一刻谁也不知道会迎来什么。在人生应该工作的时间里工作，在人生应该玩乐的时刻玩乐，全然投入当下，才不会辜负生命的赐予。

曾经有个富翁，每天都在为自己的事业发展、未来财产分配而苦恼。加之生活中其他的问题，富翁最终愁病了。他请了多位名医为自己调治，说："我的人生还没有享受过呢，我可不想早早死去，把这些财产白白留给别人享受。"可是，不管怎么治，富翁的病就是不见起色，胃口不好、睡不着觉，这让他更加痛苦。

有一天，村里来了一位得道高僧，富翁第一时间将高僧请到家里，急切地说："高僧啊，我这一辈子什么都不缺，就是缺少健康；每个医生都说我病了，可是又说不出到底是什么病，一会儿这不好，一会儿那不好，我感觉自己就快要死了，可是我还有那么多事没做呢，现在可怎么办？"

高僧看着富翁，说："我来给你看看吧，如果我也看不好，你就真的没救了。"接着高僧为富翁把脉，然后问他的感受。这样检查了好长时间，才皱着眉说："你现在有什么特别想为自己做的事吗？抓紧时间做吧，只怕明天没时间了。"富翁似乎明白了高僧的意思，哭着说："没想到我这一辈子如此短暂，太可惜了。"哭了一会儿，富翁突然站起来，说："我要出去走走，从懂事以来，我就只知道挣钱、攒钱，连这个村子究竟什么样子都没好好看过一眼，等去了天堂我都不知道怎么回味自己曾经的生活。"于是富翁一个人在村子里转了一天。晚餐时，胃口好了很多，吃了平时总感觉不合口味的食物，并且说："这些晚餐其实很不错。"

到第二天早上，富翁慢慢睁开眼睛，突然发现自己没有死，心头一喜，说："没想到我还能再活一天。"于是这一天他决定去海边钓鱼，想要感受一下他人悠闲的人生。就这样，富翁"神奇"地活了三天，他开始感觉不对，便找到高僧问："高僧呀，我并没有死去啊，而且这几天我感觉身体好了很多。"高僧笑起来，说："我只是想让你知道，生活就要有每一天都是唯一的感受。"

每一天都是唯一的，我们可以在这一天活着，就应该只管这一天的事，因为明天在哪里我们不知道，为什么要花那么多心思去忧虑呢？每一天精彩的连续，才会组成生命真实的未来。这是多么富有禅意的道理，可惜，明白这个道理的人并不多，大家总是在不断地期许着未来，不断地为昨天的过错而懊恼不已，唯独忽视正在经历的时刻。这种生活没有今天的概念，从而也就失去了活在当下、享受当下时光的乐趣，更不可能连接未来，收获无悔人生。

有很多人认为人生苦短，享受当下需要太多的财力支撑。所以他们宁愿将眼前所有的时间、精力都奉献给工作和明天，以求所谓的未来美好、圆满的状态。但又有多少人真正拥有了未来的美好与圆满呢？反而是太多人在年轻时一味地筹划未来，在未来却只能面对病与死的无奈。可口可乐公司的 CEO（首席执行官）布莱恩·戴森曾经说过一句话：“想象生命是一场不停丢掷五个球于空中的游戏。这五个球分别为工作、家庭、健康、朋友和心灵。而且你很努力地掷着这五个球，不让它们落地。很快地你会了解工作是一个橡皮球。如果你不幸失手落下它，它还是会弹回来。”确实如此，生活中有多少人失去过一份又一份的工作，有多少人一次又一次地跳槽，他们并没有什么不好，依旧重新拥有工作，享受生活。

可是，却有太多人在将这五个球不停丢掷的时候，失手放开了再也收不回的心灵、健康，甚至是家庭和朋友！它们与工作之球的“材质”是不相同的，这些球没有任何弹力，它们落地了也就碎了，你所拥有的也就彻底失去了。我相信，如果有可以重新选择一次的机会，或者有后悔药可以买，那人们会不惜一切代价来圆这个重来一次的梦想。

可见，人生是活在当下的，不管是谁，你的今天都独一无二，不管是什么样的现在，都应该是独有的奇迹。所以，每个人都应该记住，你的目标可以设定很远，但你的未来与昨天并不能取代今天的位置。昨天已成历史，明天还未可知，今天才是上天发到你手中最真实的礼物，享受每一个当下，你的生命才会真正如期绽放。享受每一个当下，当你愿意时，理由便无处不在。

不躲避，内心方可安宁

人的一生是难免会遇到困境的，而且，每个人都会经历抉择的痛苦，因为生活就是一个又一个关卡连接而成的。但是，困境与关卡并不可怕，关键在于你会如何面对。很多人，有着求安逸、求轻松的心态，所以，当生活中出现困难，或者面对问题时，第一反应就是绕开它！这种绕开，说得严重一些就是躲避现实，它所带来的负面效应，很可能就是让你以后始终无法摆脱愧疚、不安与徘徊。

美国著名的心理学家弗兰克曾经是一个不敢面对现实的人，或者说它一直躲避着自己与父母之间的关系。他的父亲酗酒而暴力，他的母亲也很糟糕，这让他没有办法面对。这种躲避一度让他孤独、怪异，因为内心的纠结让他无法正常生活。可是，后来他接受了心理上的治疗，从而认真面对自己身上的问题，试着原谅了父母，最终变成了著名的心理学家。

一个人遇到问题是非常正常的事情，但如果你总是一味躲避问题，反而说明你心理上的不足。这种不足不但会让你内心不安，还会带给你生活的改变，最终恐怕只有一生在懊恼与悔恨中度过了。我觉得《德米安》中有一句话说得非常好："对每个人而言，真正的职责只有一个：找到自我。然后在心中坚守一生、全心全意、永不停息。所有其他的路都是不完整的，是人的逃避方式，是对大众理想的懦弱回归，是随波逐流，是对内心的恐惧。”这句话告诉我们：一切的躲避其实都是丢弃自我的行为，随着你躲避的加重，你的人生将逐渐变得不全面，后果自然是自我痛苦、挣扎的积累。

一个年轻人，开着汽车行走在一条小路上，天越来越黑，路面也变得更加难行。就在年轻人想要加快油门赶紧走出这条小路的时候，只听“嘭”的一声响，车子一下失去控制，在小路上来回扭转起来。还好年轻人比较镇定，他果断地踩下刹车。下了车一看，原来左侧的一个轮胎爆了。年轻人连忙打开后备箱准备换轮胎，没想到，翻遍了后备箱也没找到千斤顶，这让他出了一身的冷汗，心想：难道我这一晚就要在野外度过了吗？

这时，他走上小路边的一个高坡向四周眺望，看到远处有一些灯光，那应该是当地人的农舍。于是他立刻朝着灯光走去，希望可以借到一个千斤顶。可是，走着走着，他又放慢了脚步，心想：都这么晚了，谁会相信我只是借个千斤顶呢？就是相信，人家如果不愿借又怎么办呢？这想法让年轻人变得不安起来。转而便开始思索，到底还要不要去敲人家的门。他站在人家的门前，几次想要敲门，可是内心的纠结又改变了主意，自言自语地说：“我还是不要去自找无趣吧。”就在他转身想要离开时，农舍的门打开了，主人热情地叫住他：“年轻人，是遇到什么困难了吗？”就这样，年轻人不但借到了千斤顶，还被主人留在家里过了一夜。

不知大家在这个故事中会感受到什么，但我想要告诉你，遇到问题的时候，如果敢去面对，结果可能是依旧不见转机，但也有可能会变得美好，机会各占一半；可如果你只以躲避的方式来面对，那结果就只有一个：看着机会流失，只剩下满腔的失望与悲观。

这就如同心理学中经常遇到的：一个小问题逐渐就会变成大问题。因为当一个人面对问题时，不管是不是能解决，首先想到的都是躲避，但躲避却往往造成事态更严重，从而为人生带来更大的痛苦与折磨。最为现实的例子就是，那些因为某种负罪而远走天涯的人，本以为可以回避问题，可是因为内心的不安，反而让自己的人生从此一片灰暗。生活中，一大部分有心理疾病的人，就是因为自我躲避意识作祟，最终走进焦虑、强迫、障碍甚至是多重人格的精神疾病当中去。所以，真正让问题改变，心理安宁的最好方法只有一个，那就是：直接面对！

因此，我们一定要记住一个最真实的心理规律：人生的问题，你永远是逃不掉的，或早、或晚，总有一天需要你去面对。与其在惴惴不安中躲避、纠结、不安，远不如拿出勇气直面问题！因为，直面问题后，你很快就会意识到：当我不躲的时候，我的内心就安宁了。为什么会这样，因为当我们直面问题、直面内心的时候，便起到了化解它、超越它的作用，而在自己心里也产生了与问题达成和解的功效。这样，最后不管用什么样的方法解决问题，解决的好或者不好，都不会再让内心受煎熬。佛祖说："人生本炼狱，涅槃方安宁"，其实我们的内心也是如此，所有的认知与过往对于它都如同一次涅槃的机会，如果不能面对，那就不容易得到安宁了，而当你不躲避的时候，你的内心就安宁了。

阅读可以获得内心的平静

人的兴趣多种多样，人们往往因为各自性格的不同，兴趣也有所不同。但在若干种爱好之中，我个人最推崇阅读。并不是因为我个人喜欢阅读才这样推荐，而是阅读对于人的意义重大，它不仅仅能增长知识，更可以让你的内心获得平静。英国教育部长布朗奇就曾经说过：“每当我们翻开书页，就等于开启了一扇通往世界的窗，阅读是各种学习的基石；在我们所做的事情中，最能解放我们的心灵的，莫过于阅读。”可见，阅读是让一个人开阔视野、解放心灵的良药。

其实，你只要从孩子喜欢读故事书这件事来看阅读，就能得出其中的道理来。除了日常必要的学习与考试，哪个孩子愿意去读一本真正让他提高考试成绩的书呢？但如果是一本给人带来快乐体验的书，那就会让孩子爱不释手。因为孩子们在这本书里读到了内心的体验，读到让自己安静下来的力量。就如同李利安·H. 史密斯说的一样：孩童是一群只为了乐趣而阅读的厚颜读者。确实如此，没有乐趣的阅读对他们来说是一种煎熬，而一本让他们产生向往的书，则让他们如临其境，忘记周边纷杂的世界。

而我之所以说阅读可以让人内心安静，是因为它可以为我们设立一个心锚，让我们从中找到安全感，找到力量感。于是我们的心灵在书中起舞，随着文字蹁跹。这就是一个有力而稳定的心锚，纵然身处竞争激烈的现实压力之中，我们依旧因为阅读而身心自安、稳如磐石。

美国总统林肯，就是阅读的爱好者，在他43岁那年，美国的种族歧视问题正困扰所有美国人民。当时，他内心不定，不知道如何来面对这个现状。但是，有一天，他偶然看到了发表在杂志上的名著《汤姆叔叔的小屋》。文中似乎充满了答案，让他内心变得坦然而淡定，毫不犹豫地站到了黑人的立场上去，从此，他不再纠结应该如何面对种族歧视的问题。后来，他在南北战争中取得胜利，当召开胜利宴会的时候，他这样说：“今天的这份荣耀，并不是属于我的，而应该是写出《汤姆叔叔的小屋》的作者；我正是读了这本书，才深受感动，从而内心坚定地做出了正确的行动。”

这就是为什么阅读可以让人内心安静的原因，因为我们可以从中找到答案，找到解决问题的方法。

当然，这只是阅读让内心安静的一个方面。它除了可以在心理上给人安全、稳定的安宁感之外，更会治疗一些因为心病而产生的心理问题，比如焦虑、忧郁、若有所失等。当一个人在内心焦虑不安的时候，只需要深深投入到一本书中去，慢慢你就会发现，心中那些不安不翼而飞了。不但如此，自己的内心也如同得到净化一般，负面的情绪被冲刷得很干净，而之前的问题几乎迎刃而解。

正是因为如此，所以在人生的众多爱好之中，虽然有着同样可以转变意念的其他爱好，但心理学家却更推崇阅读。心理学家认为：面对严重的心理问题时，阅读所带来的安抚效果最明显。这种安抚来自于阅读时的体验感受，它不只让人转变意念，还会让作品中的人物经历和遭遇投射到自己的问题上去，从而给心灵一份安慰。自然，这种体验过程足可以让你内心变得不再焦虑与不安。

我们总是说人拥有最少的就是自知之明，因为我们处于生活当中，免不了要被它牵着走，从而迷失在纷繁的生活中。但阅读却能让你走进内心，让你静下心来，反观自我、自省身心。这是一个与自我灵魂面对面的时刻，这种时候，外界的一切都是可以被忽略掉的。也正是因为如此，人们才在阅读中变得安静下来。

可能有的人会说：阅读虽然让人安宁，但并不是指所有的书籍。确实如此，现代生活当中，诱惑多，信息多，那些充满暴力、血腥、野心的书籍，可能让你阅读后更加狂躁不安。因此，在进行阅读时，不妨有针对性地选择一些适合自己的书来看。我们要把握阅读的目的，它不只是为了向头脑中灌输多少知识，而是通过阅读让自己收获思考、体验甚至是改变自我。这就如同大教育家叶圣陶先生说的一样：读书不在全盘授予，而在相机诱导。我们只有选择了正确的书目，从中读到了知识、力量、思想、情操等，带给内心安定、坦然，那么，这本书就是最好的。

少一些期待，便会多一些快乐

所有人都知道，现代社会奔放张扬，那些流行、时尚，那些热门、亮点，无不在生活中受到追捧。但正是因为这些信息的泛滥与传播，许多人开始变得浮躁，甚至是迷失。他们对未来充满向往、充满期待，可对现实又缺少认知与付出。于是，就在一条又一条的热门信息中，不断地展开梦想，进行追逐。却到最后才发现，因为期待的太多，很多努力都只是有头无尾的开始，自然结果也就让人失望不已了。

当然，我并不是反对人们去追求目标与理想，以及所谓的那些幸福与快乐。但重点在于你这个目标是不是适合，你又是不是能够为之全力以赴。如果我们总是期待很多，但做得很少，那这些期待又有什么意义呢？最终都不过是让人痛苦的泡沫。这就如同哲人所说的：“人之所以痛苦，不是因为拥有的太少，而是想要的太多。”欲望是难以被填平的，贪婪就是让欲望扩大的毒药，当你不知满足地追逐、放纵时，你所失去的就是正在享受的快乐。

曾经，在非洲的一块土地上，有一个拥有小农场的农民。他认为自己有食物、有牛羊，还有固定的收入，生活真美好。可是，这样美好的生活却随着一个陌生人的到来而被打破了。陌生人对农民说："你知道吗？世界上最珍贵的并不是农场，也不是牛羊，而是钻石；如果你可以在矿山找到一块钻石，就能让你拥有比现在多十倍的财富。"农民被陌生人的话打动了，整个晚上都没有睡好觉，他眼前总是看到闪闪发光的钻石。

于是，第二天一早，他便到处找人收购自己的农场，最终以便宜的价格出手。带了几件衣服和卖农场所得的金钱，与家人告别，独自一人去矿山寻找钻石了。农民几乎走遍了非洲的每一块土地，可一颗钻石也没有找到。他又带着期望，去了欧洲，到了西班牙，可惜，都没有他想要的钻石。这时，他身边的钱用完了，衣服也已经破烂不堪，肚子饿得咕咕叫。想想自己实在太惨了，农场已经卖掉，钱也花光了，可是却没有找到钻石，人生还有比这更失败的吗？所以，他决定自杀。

不过还好，农民在跳河的时候，被当地的一个人救起来。当那个人问明了情况之后，给了他一笔路费，让他回家。农民历尽千辛万苦，好不容易回到非洲，在经过自己之前的农场时，看到新的农场主正在小溪边为牲口洗澡，溪水清澈，水下的石头又亮又大，被太阳一照闪闪发光。这种温馨的美好景象，让农民看得想要流泪。他随手拿起一块石头，带着它回家了，刚坐下来没一会儿时间，那个陌生人便又来了，一看到那块石头，就高兴地说："你找到了钻石是吗？"农民不解，说："哪有钻石？"陌生人却拿起石头，说："这就是钻石呀。"农民呆呆地站在那里，说："这就是我在溪边捡回来的石头，满溪都是呀，我却跑了那么远的路。"

这个故事告诉我们，一个人只有减少期待，他的快乐才会持续，而如果一味地去追求，却从来不去分辨那期待对你意味着什么，最后你所得到的可能就只是失望。身边拥有的不一定是不好的，那些不曾拥有的也不一定是最好的。人和事都是如此，适合自己、可以为自己带来快乐感受的，才是最美好的。所谓知足常乐，就是因为对期待有所认知，而不去寻找刻意的拥有。

经商者是拥有期待的典型。太多经商者，当一个项目获得成功，往往就会立刻设定下一个目标，却从来不会巩固已得到的成绩。因为这些人总是认为扩张得越全面，生意才越好做，套句中国传统的老话，就是“一只羊也是放，一群羊也是赶”。但最终当他们将企业发展成“一群羊”之后，却因为资金、管理等各方面的不到位，从而活活将“一群羊”饿死。与他们相比较，零售界巨头阿尔迪的经营方式却是与之完全相反：只放一只羊。因为阿尔迪的管理者认为，做好一件事已经很不容易，如果期待太多，花费太多的精力去打理并不擅长的东西，可能就会连已经成功的也失去。就是这种“只放一只羊”的经营策略，让阿尔迪成功地将世界著名品牌沃尔玛打败。而这“只放一只羊”的道理，正是我们每个人都要用心去领会的。

生活中，我们如果不知道自己拥有能放几只羊的能力，不适当减少对现实、对未来的一些期待，那么，你所获得的不只是快乐的减少，更是失望的累积。因此，在生活中，我们要学会减少期待，学会知足常乐。天天站在期待中去渴望，消耗的就是一个人的精力与希望。而且，个人不断上升的贪欲会让你时刻处于奔波，处于不可得的烦恼之中。与其这样被生活的期待牵着鼻子走，倒不如减少它，从而自得于现有的满足与温馨之中，这才是人生最大的快乐。给自己营造一个快乐的环境，以此创造更多美好！

福来福往，皆流向善处

在佛教的禅语中，有一句叫作“爱出者爱返，福往者福来”，意思就是一个人只有将自己心里的爱放出去，它才会有再回来的机会，而只有将福气传播开来，它才能再次降临到你的身上。其实，这句话就是告诉我们这样一个道理：做人只有懂得付出，才会有所得，如果你将一切美好都控制在自己身边，那也就少了美好再次光顾的快乐。

其实，不管你传播的是爱还是福，都是一种善意的回馈。所以，对于那些在生活中想要求得福报的人来说，最好的方法莫过于将你的爱拿出来，将你的福分享给别人。因为福气向来只青睐善良的人，哪怕你在这一刻并无所得，但在岁月的流转中，你最终会感受到福泽的光临与浸润。这就如同我们古语里所说的“积善人家，必有余庆”一样，积善的人也肯定最有福报。

曾经有一个善良的妇人，儿子去外地做生意，她则在家里等儿子回来。因为她家就在路边，每天总能看到很多面带饥饿之色的过路人。妇人心生怜悯，每天在吃饭的时候，就拿出一个面包放在外面的窗台上，希望可以帮助那些饥饿却不好意思开口的路人。有一天，妇人发现一个驼背的人从窗台拿走了自己的面包，没有说一句话，只是嘴里嘟哝着：“善有善报，恶有恶报。”妇人并没有听清，只是觉得这个人为什么连一句谢谢也不知道讲，实在不怎么讨人喜欢。

可是，从此之后，这个驼背者每天过来取面包，而且从来都不说谢谢。妇人越想越生气，心想：他凭什么呀，说句谢谢就这么难吗？

想到这里，妇人不愿再给那个驼背的人面包了，可又不知怎么拒绝，便想出一个主意：我在面包里放一点毒药，那他就永远也不会来吃我的面包了。这样想着，妇人在烤面包时就在里面加进了一点儿毒药。可是，当她将毒面包放到窗台上去的时候，心里突然害怕起来，手抖得厉害，她对自己说："我这是在做什么呀。"说完，妇人将那个有毒的面包立刻投入了火炉，然后又取了一个好的面包放上去。驼背人就像往常一样，嘴里念叨着那句"善有善报，恶有恶报"的顺口溜，很自然地拿走了妇人的面包。

妇人虽然还是不满驼背人的态度，但再也没有心思去与他计较，因为儿子外出已经三个多月了，一直没有回来。为此，妇人每天都要为儿子平安归来做祷告。这天晚上，突然听到敲门声，妇人打开门，出现在眼前的正是自己日思夜想的儿子，只是儿子变得又瘦又弱，衣服都破了。妇人心疼地问："这是怎么了？怎么会变成这样呢？"儿子歇了好一会儿才说："母亲，我能回来已经不错了，我的钱花光了，可是又找不到赚钱的方法，回来的路上几次都饿得差点坚持不下去；就在离家不远的地方，我实在支撑不住了，饿得晕倒在地上；这时一个驼背人把我救了，他给了我一整个面包，和母亲您烤的一样香；还说：'这是我每天的口粮，今天就给你吧，因为你比我更需要它。'"妇人听着儿子的诉说，全身无力，她想起曾经要在面包里放毒的念头，额头上的汗珠滴流下来，嘴里默默念起那句话：善有善报，恶有恶报……

这虽然只是一个故事，但却非常生动地告诉我们，行善是一个人永远不能放弃的选择，哪怕没有人因此感激你，没有人会停下来和你说声谢谢。我们也要相信人世间的事情都是轮回的，不知哪一天，你就会因为自己曾经行下的善而有所回报。

在我们的日常生活中，善良的人非常多，但却往往因为计较一时得失，以及外界环境的影响，而对于行善、做好事心存抱怨。甚至说：好心也没有好报，我还是干脆不做好事了。我对这样的认知从内心不赞同。退一万步说，当我们出于善良，出于爱心，而付出自己的一份能力，这种行为就会如同种子一样发出芽来，让你的内心变得安静而沉着自持。这种安然是金钱买不来的，它与你天生而来的善念有关。相反，我们虽然出于自保而不愿对别人施予援手，这不损失你什么，可你却会在很多时候回想起来，不由自主地感到有所愧疚。当一个人内心不安时，还有什么能让你拥有福气？

有人说天堂与地狱只是一念之差，而一念就是一个“爱”字。当我们对他人施予了爱、给予了帮助，那个人就等于拥有了温暖的天堂；而当这善与爱传播的多了，广泛了，我们有朝一日就会接受来自他人善意的帮助与天堂般温暖的赠予。所以，我们再不要吝啬于自己随手可施的善意，不要再计较于别人给你的态度。用本善的心去做事、为人，相信福报的来临只是早晚的事而已。

你有一颗慈悲心，心里住个小孩，很善良、很可爱，那就是你！

你的世界充满爱！

附录

杨甫德[1]院长给大家推荐的心理健康测试表

根据您近一周的感觉来进行评分，无、有时、经常、持续对应的分数依次是1、2、3、4。最高分为80分。整套题做完后，您的得分指数越高，心理不健康程度越重。

测试题目	无	有时	经常	持续
1. 我感到情绪沮丧、郁闷	1	2	3	4
2. 我感到早晨心情最好	1	2	3	4
3. 我要哭或想哭	1	2	3	4
4. 我夜间睡眠不好	1	2	3	4
5. 我吃饭像平时一样多	1	2	3	4
6. 我和异性密切接触时，和以往一样感到愉快	1	2	3	4
7. 我发觉我的体重在下降	1	2	3	4
8. 我有便秘苦恼	1	2	3	4
9. 我的心跳比平时快	1	2	3	4
10. 我无缘无故感到疲劳	1	2	3	4
11. 我的头脑跟平时一样清楚	1	2	3	4
12. 我觉得经常做的事情没有困难	1	2	3	4

① 杨甫德，北京大学教学医院北京回龙观医院主任医师、教授、院长。北京市心理援助热线专家组组长，北京市心理危机研究与干预中心主任，世界卫生组织心理危机研究与培训合作中心主任。

续　表

测试题目	无	有时	经常	持续
13. 我觉得不安而平静不下来	1	2	3	4
14. 我对将来抱有希望	1	2	3	4
15. 我比平时容易生气激动	1	2	3	4
16. 我觉得做出决定是很容易的	1	2	3	4
17. 我感到自己是有用的，有人需要我	1	2	3	4
18. 我的生活过得很有意思	1	2	3	4
19. 我认为如果我死了，别人会过得好些	1	2	3	4
20. 平时感兴趣的事我仍然照样感兴趣	1	2	3	4